改訂版 情報数学のはなし

● 情報理論から暗号・認証まで

大村 平 著

日科技連

まえがき

　IT(情報技術)という妖怪が私たちの社会をおおい，すみずみにまで滲透しはじめています．多くの方々は，その便利さは享受しながらも，いくらかの戸惑いを隠しきれないようです．

　戸惑いには，立場によって，さまざまなタイプがあるでしょう．付いていけない，落ちこぼれたくないという悲鳴も聞こえれば，財産の保全や医療の管理までIT任せで，ほんとうに大丈夫なのかという不安もあるし，人間的な交流の減少が，人格形成に悪い影響を及ぼすのではないかとの心配もあります．

　さらに，この調子でIT化が進んでいったら，人間社会がどのように変貌するのかが読めず，社会資本の投入や，法整備の方向が決定しにくいとの声も聞かれます．

　それにもかかわらず，IT化は今後も減速するとは考えられず，むしろ，いっそう加速されていくにちがいありません．そして，私たちはIT化に順応することも必要ですが，徒らに流れに身を任せるのではなく，IT社会をじょうずに利用しながら，独自の人生を築いていかなければなりません．

　そのためには，ITについて相応の知識と見識を持つ必要があります．幸いなことに，その参考となるような良書は本屋の書架にたくさん並んでいます．どうぞ，ご自分に合ったものをお選びください．

それにしても困るのは，それらの基本になる「情報数学」を平易に解説した本が意外に少ないことです．ITの基礎を支える数学は，微積分とか線形代数のような一般的な数学とは趣が異なり，情報どうしの演算とか，割り算の余りだけに注目する法演算など風変りな数学を含みます．そして，この知識がないとITのほんとうの姿は理解できないし，また，この知識を持つだけでITの姿がおぼろげながら見えてくるから不思議です．

　そこで，ITを語るためにはぜひとも知っておきたい数学を「情報数学のはなし」として書き下すことにしました．情報数学という概念が確立されているわけではありませんから，「情報」になんらかの形で参加されるすべての方々に，きっとお役に立つだろうと思うテーマを勝手に並べるつもりです．出来栄えについては，ご意見，ご叱正をいただければ幸いです．

　最後に，いつものことながら，このような冗長な語り口に惜しみなくページを与えてくださる日科技連出版社の方々にお礼を申し上げます．とくに，この「はなし」シリーズの生みの親であり，30余年にわたって私たちを督励して出版を継続していただいている山口忠夫部長に心から感謝いたします．

　　　平成13年8月

大　村　　　平

　この本の初版が出版されてから，早いもので17年もの歳月が経ちました．その間に，情報技術の急速な発展をはじめ，社会環境などが変化したため，文中の題材や表現に不自然な箇所が目につくよ

まえがき

うになってきました．そこで，そのような部分だけを改訂させていただきました．

はなしシリーズの改訂版も，この本で19冊を数えるまでになり，改訂版の歴史も16年にもなりました．いままで，思いもかけないほど多くの方々に取り上げていただきましたが，このシリーズが，これから先も多くの方々のお役に立てるなら，これに過ぎる喜びはありません．

なお，改訂にあたっては，煩雑な作業を出版社の立場から支えてくれた，塩田峰久取締役に深くお礼を申し上げます．

　平成30年8月

大　村　　平

目　　次

まえがき……………………………………………………………iii

第1章　情報の量を測る —— ビットが基本 …………………… 1
　　　　情報革命から IT 革命へ　　1
　　　　2つに1つが，1ビット　　5
　　　　1ビットを積み重ねる　　8
　　　　大きな情報量の単位　　12
　　　　ハンパな情報量を測る　　16

第2章　情報の量を見積もる —— エントロピーが切り札 …… 22
　　　　確率で変わる情報量　　22
　　　　期待できる情報量がエントロピー　　25
　　　　エントロピーの性質　　28
　　　　結合事象のエントロピー　　33
　　　　マイナスの情報量もある　　35
　　　　エントロピーを手掛りに　　39
　　　　エントロピーで天下の難パズルに挑む　　42
　　　　エントロピーの増加が死滅への道　　48

第3章　情報を演算する —— *0と1の世界* …………… *53*

　　ITの標準語は*0と1*　　*53*

　　十進法と二進法　　*56*

　　二進法の加減乗除　　*62*

　　論理の筋道も*0と1*で　　*66*

　　*0と1*が駆け巡る　　*71*

　　通信も*0と1*とで　　*73*

第4章　言語の情報数学 —— *計量言語学を覗く* …………… *77*

　　なくて七癖　　*77*

　　言語の数学的な構造　　*80*

　　冗長性は，ムダか　　*87*

　　冗長性が有用な証拠　　*90*

　　日本語の情報量　　*94*

　　英語で冗長度を調べる　　*97*

　　英語を作ってみよう　　*105*

第5章　情報の符号化 —— *まず，効率を追求する* …………… *109*

　　二兎を追う　　*109*

　　通信路を効率よく使う法　　*113*

　　符号化の第1歩　　*116*

　　符号化の第2歩　　*119*

　　ハフマン符号化　　*122*

　　モールス符号を採点すれば　　*128*

　　路傍のテクニック　　*136*

目　　次　　　　　　　　　　　ix

第6章　誤りの検知と訂正 ── そして，自浄機能を備える … *140*

　　　誤りがあるときの情報量　*140*

　　　パリティチェックで誤りを発見　*144*

　　　欠落符号を補う　*151*

　　　誤り符号を訂正する　*153*

　　　再び，欠落符号を補う　*156*

　　　ハミング距離と誤りの検知・訂正　*158*

　　　ハミング符号で誤りを訂正　*161*

　　　効率と安全性のバランス・シート　*165*

第7章　暗号解読の原点 ── 言語の冗長性を頼りに ………… *170*

　　　暗号が歴史を作る　*170*

　　　現代の合い言葉 IFF　*172*

　　　換字式の暗号を解く　*174*

　　　手掛りは言語のくせ　*181*

　　　暗号化と解読の知恵較べ　*184*

　　　転置式の暗号に苦しむ　*190*

　　　乱数表も登場　*194*

第8章　IT社会の暗号 ── 現代暗号の誕生 ………………… *199*

　　　IT ネットワークと暗号　*199*

　　　共通鍵と公開鍵　*203*

　　　共通鍵暗号の元祖 DES　*208*

　　　DES からトリプル DES，そして AES へ　*214*

　　　公開鍵暗号の代表　*217*

第 9 章　暗号の数理 ── 高等数学の顔見せ ……………… *221*

　　　　総当たりの数学 ── いくつ調べるか　　*221*

　　　　総当たりの数学 ── それは可能か　　*227*

　　　　合同式と排他的論理和　　*233*

　　　　素数に関する重要な定理　　*238*

　　　　暗号と法演算　　*240*

　　　　公開鍵暗号 RSA の数理　　*243*

付録(1)　常用対数表と，その使い方　　*248*

付録(2)　底が異なる対数どうしの換算　　*252*

付録(3)　モールス符号　　*253*

第 1 章

情報の量を測る
―― ビットが基本 ――

情報革命から IT 革命へ

　昔の話をはじめるのは年をとった証拠……などと冷やかさないで，まあ，聞いてください．

　1960 年代の後半から 1970 年代にかけて，「情報」とか「情報革命」とかいう言葉が，テレビや新聞などを通じて，日本中をとび交ったことがありました．

　私たちの社会の豊かさは，物質とエネルギーの潤沢な供給によってもたらされるという，それまでの常識は正しくなく，ほんとうに豊かな社会を作るには物質やエネルギーと並んで「情報」が大きな役割を果たすという認識が，多くの識者によって喚起されはじめたのです．

　たとえばの話……．日本全国の津々浦々までテレビが普及したことによって，全国や世界各国から伝えられるニュース(情報)を全国民が共有できるようになりました．これが社会の豊かさでなくて，

なんでしょう.

また,さまざまな物資の生産,輸送,販売などについても,需要と供給のデータ(情報)が全国的なネットワークで集められ,コンピュータの力を借りて最適な需要と供給のバランスが保たれています.おかげで,多くの物資が日本中に公平に出回り,社会の豊かさを演出しています.

さらに,また,遺伝子の情報を操作することによって難病を治療したり,食品や飼料を改善したりする努力も,社会の豊かさに貢献するようになりました.

このように,多くの社会現象が「情報」に強く依存していることに気がつき,さらに,この傾向がますます強まるだろうとの予測が,「情報」とか「情報革命」とかをセンセーショナルに流布させた動機であったわけです.

ついでに付け加えると,当時,「情報」という概念を「秩序」に近い感覚でとらえれば,美とか生命など有形無形のすべての現象が「情報」で説明できるのではないか(52ページ参照)と予言する先生もおられましたが,こちらのほうは,その後,あまり成熟していないようです.*

その後,年月を経るにつれて,情報革命の騒ぎは一段落しました.物質やエネルギーと並ぶ情報の評価がしっかりと確立し,「情報」を声高に叫ぶ必要がなくなったからです.

さらに年数を経て21世紀を迎えたころ,日本ではIT革命の大合唱が起こりました.なにしろ,2000年9月に衆参両院で行なわれた

---

* 1970年代の「情報革命」の雰囲気については,拙著『情報のはなし』(日科技連出版社)を参照していただけると幸いです.

当時の森首相の所信表明演説の中で，ITという言葉が22回も使われたそうですから．これはもう，お祭り騒ぎですね．もっとも，それを数えていたほうも，相当なお祭り野郎ですが……．

IT(Information Technology)は情報技術のことですから，* IT革命は情報技術革命，つまり，情報の中でも情報技術に絞った革命です．したがって，美や茶の心や生命の成り立ちなどにまで情報の網を拡げる哲学的で深遠な話ではありません．もっぱら，コンピュータによる情報処理と情報通信の技術に絞った即物的な技術の進歩によって，社会に革命が起きるというのです．

どのような技術にも進歩はつきものです．飛行機や自動車などを作る技術も，医療の技術も，魚貝類を養殖する技術も，めざましい進歩をつづけているのに，その進歩によって社会に革命が起きていると騒がれたことはありません．なぜITの進歩だけが革命といって騒がれたのでしょうか．

その理由の第一は，コンピュータや通信に関する技術の進歩があまりにも速かったからです．たとえば，1995年に出版されてベストセラーになった『パソコンをどう使うか』という本では，** パソコンを選ぶにあたっての注意事項として，ハードディスクは「40メガではすぐ不足になります．100メガくらいは必要で，200メガあれば大丈夫でしょう」と書かれていますが，それから僅か5〜6年後には100ギガが当たり前になりました．なんと，たった5〜6年で1,000倍にもなったのです．そして，その本の出版から20余年経っ

---

* ITに対して，ICT(Information and Communication Technology)は「情報通信技術」と訳されますが，ほぼ同義語と捉えていいでしょう．

** 『パソコンをどう使うか』中公新書，諏訪邦夫著，1995．

たいまでは，1テラバイト（1,000ギガ）が当たり前になっています．つまり，20余年で1万倍になってしまったのです．これは他に類を見ないほどの急成長ぶりではありませんか．

たった一例を挙げたにすぎませんが，コンピュータ処理や通信の能力は総じて爆発的に向上していきます．どんなことでもそうですが，量の変化があまりにも速いと，それは質の変化を伴います．昨日まで不可能だったことが，明日は可能になったりするからです．そういうわけで，情報技術の急激な進歩が社会の質を変えてしまったのです．

第二の理由は，通信の仕組みがデジタル化されてコンピュータとの相性が格段に向上し，多くのコンピュータと通信のネットワークが一体となって機能するようになったことでしょう．*インターネットがその具体例であり，誰でもが通信ネットワークを通じて行政や金融界などの大型コンピュータと直接に会話したり，個人どうしの情報のやりとりなどが可能になりました．これは，社会の仕組みや文化に大きな変化をもたらしたにちがいありません．

第三は，ITを活用して日本を真に豊かな住みやすい社会に変えていくには，広範囲で大規模な施策と努力が必要なことです．情報機器が急速に普及し，ネットワークなどのインフラの整備も進みました．しかし，これを円滑に機能させる，あるいは悪用されないようにするための法整備は追い付いていませんし，学校教育もいまだ

---

* コンピュータと通信ネットワークをドッキングさせた情報化社会と，それを支える技術的基盤を作ろうという発想は，今から40年以上も前の1977年に，アトランタにおける講演で元NEC会長の小林宏治氏がC＆Cという概念で発表したと言われています．

じゅうぶんとは言えません．

いっぽう，IT革命によって生起する負の部分を排除する努力も欠かせません．ITに便乗する犯罪も防がなければならないし，ITにとり残される情報弱者にも目を配る必要があります．また，人間どうしの温もりある接触が減って人間性が変わるなどなど，いろいろな難問にも遭遇するでしょう．

ざっと，こういうわけで，ITの急激な進歩が社会に革命をもたらすと騒がれていたのだろうと，私は思っています．さて，これから10年，20年，30年と，10年きざみくらいで振り返ってみたら，どのような歴史が残されているのでしょうか．

前置きがすっかり長くなってしまいました．この本は「情報技術のはなし」ではなく，「情報数学のはなし」でした．だから，情報の量を数字で表わしたり，情報伝達の速度を数学的に追求したり，暗号に利用される数学をご紹介するのが目的です．幸いなことに，情報技術がいくら進歩しても，情報数学のほうは変わりません．100メガが100ギガに変わっても，数学的には10^6が10^9に変わるだけのことで，その数学的な性質や取扱いは同じだからです．

では，節を改めて，さっそく本論にすすみましょう．

2つに1つが，1ビット

情報を数学のまないたに乗せるには，なにはともあれ，情報の量を数値で表わさなければなりません．その作業にすすみましょう．

米国の第45代大統領を決める選挙は，共和党のドナルド・トラン

プ候補と民主党のヒラリー・クリントン候補とが激戦を演じ，2016年11月8日に投票が行われました．結果，トランプが当選しましたが，得票数で上回った候補が選挙人獲得数で下回ったために落選するという，珍ニュースがもたらした情報の量はいくらでしょうか．

この場合，1対1の対戦ですから，どちらの候補が当選するかは五分五分だろうと考えてみましょう．したがって，「トランプ当選」のビッグ・ニュースは，同じ確率で起こり得る2つのケースのうちから1つのケースを指定して教えてくれたことを意味します．このようなニュースがもたらす情報の量を

　　　　1ビット(bit)

と約束します．bitはbinary digitの略です．

それなら，つぎのような場合はどうでしょうか．ご存知，丁半賭博は，隠された2つのサイコロの目の合計が丁(偶数)であるか半(奇数)であるかに賭けるバクチです．誰かがサイコロの目を盗み見て，「丁である」と教えてくれたとしましょう．この情報の量は，やはり1ビットです．同じ確率で起こり得る2つのケースの中から1つのケースを指定して教えてくれているからです．

もうひとつ……，道が右と左に分かれていて，どちらが目的地への道かわからなくて困っているとき，通りかかった人がその道を教えてくれました．この情報もやはり1ビットです．どちらが正しい道かまるでわからなければ，どちらの道も正しい確率は1/2ずつで等しいと考えるほかないからです．

「トランプ当選」のビッグ・ニュースも，サイの目が丁か半かの情報も，枝分かれした道の情報も，もたらしてくれた情報の量は等しく1ビットだというのです．なんとなく合点がいかないではありま

第1章 情報の量を測る

金1kgも砂利1kgも
量としては同じ

せんか．感覚的には，世界中が注目していた米国の大統領と丁半賭博と個人にとっての道順とが同列に論じられるのは，とても受け入れられません．

しかし，いま私たちは情報の量にだけ着目しているのです．情報の価値については，いっさい考慮に入れていません．だから，金1グラムと砂利1グラムとが，量については等しいのと同様に，「トランプ当選」も「丁か半か」も「右か左か」も，等しく1ビットであることに合点していただかなければなりません．

なお，情報の価値については，情報数学の対象とはいたしません．なにしろ，ある情報にどれだけの価値を認めるかは，各人の立場や社会の状況などによって大きな差があるのがふつうで，全員がなっ

とくする尺度で評価することは困難であり，数学の対象としてふさわしくないからです．それは，美醜や善悪を数学の対象としないことと軌を一にします．そういうわけで，この本でも，情報の価値は度外視して，情報の量だけを取り扱うことにご同意ください．

1 ビットを積み重ねる

図1.1の(a)のように，2部屋が並んでいます．どちらが友人の部屋かわからないので近所の人に尋ねたところ，「右」と教えてくれました．このとき得た情報の量は，いうまでもなく1ビットです．右か左のうち1つを指定してもらったのですから……．

図1.1の(b)のように，2階建ての1階と2階に2部屋ずつが並んで，計4部屋があります．友人の部屋は「2階の右」と教えてもらいました．この情報の量は2ビットです．1階か2階かのうち2階を指定してくれた情報が1ビットで，さらに，右か左かのうち左を指定してくれた情報が1ビットで，合計2ビットだからです．

つぎは，図1.1の(c)のように，4部屋が1列に並んでいます．友

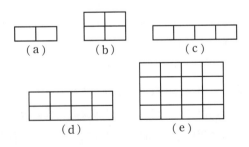

図1.1　部屋の並び方　いろいろ

人の部屋は左から3番めであると教えてもらいました．この情報はなんビットでしょうか．いまの場合，「左から3番め」の代りに，「右半分のうちの左側」と教えてくれたとしても同じことでした．そうすると，右半分か左半分かのうち右半分を指定する情報が1ビットと，右側か左側かのうち左側を指定する情報が1ビットで，合計2ビットの情報が必要だったことになります．つまり，部屋が(b)のように並んでいても(c)のように並んでいても，4つから1つを指定する情報の量は2ビットなのです．

こんどは図1.1の(d)です．この8部屋の中の1つを指定するためには，「2階の，右半分の，左側」というように，3段階の二者択一が必要になります．したがって，このような8部屋から1つを指定する情報の量は3ビットです．この際，8部屋が1列に並んでいる場合についても考えてみてください．やはり1つの部屋を指定するのに必要で十分な情報の量は3ビットであることに合点できますから……．

最後は，図1.1の(e)のように16部屋がある場合です．まず，1階から4階までのうちの1つを指定しなければなりませんが，それに必要な情報の量は(c)のときの理屈によって2ビットです．つぎに，同じフロアーに並んだ4部屋のうちの1つを指定しなければならないので，これに必要な情報の量も(c)のときと同じく2ビットです．だから，(e)のように16部屋があるとき，その中の1つを指定するのに必要で十分な情報の量は，合計4ビットです．

以上を，一般論として整理すると

  2つ（2^1）から1つを指定する情報量が　1ビット

  4つ（2^2）から1つを指定する情報量が　2ビット

　　　　8つ(2^3)から1つを指定する情報量が　3ビット

　　　　16　(2^4)から1つを指定する情報量が　4ビット

です．この理屈をさらに延長していけば

　　　　2^nから1つを指定する情報量が　nビット　　　　(1.1)

であることに得心がいくでしょう．

　ここで，視点を逆転してみてください．

　　　　1ビットあれば　2つの中から1つを指定(識別)できる

　　　　2ビットあれば　4つの中から1つを指定(識別)できる

　　　　3ビットあれば　8つの中から1つを指定(識別)できる

　　　　4ビットあれば　16の中から1つを指定(識別)できる

　　　　……………………(中略)……………………

　　　　nビットあれば　2^nの中から1つを指定(識別)できる

　　　　　　　　　　　　　　　　　　　　　　　　(1.2)

というようにです．そうすると，いろいろな応用例が思い浮かびます．一例として，捕手が投手に送るサインを考えます．サインは，ひとさし指を立てる *1* と，おや指とひとさし指で輪を作る *0* で約束しましょう．そうすると，この指信号を2回つづけて2ビットの情報を送ると，たとえば

　　　(1回め)　(2回め)　（球　種）

　　　　1　　　　*1*　　　直　球

　　　　1　　　　*0*　　　シュート

　　　　0　　　　*1*　　　スライダー

　　　　0　　　　*0*　　　フォーク

のように，4種類の球種のうちから任意の1つを指定することができるし，投手の立場でいえば，4種類の球種を識別できるわけです．

第1章　情報の量を測る

　信号を3回送る場合については，8行も紙面を使うのは惜しいので，表1.1にまとめてしまいました．見てください．3ビットの情報によって8つのそれぞれが識別できるし，いいかえれば，8つの中の任意の1つが指定できることが明らかではありませんか．さらに，おのずと，nビットの情報があれば，図1.2を参照するまでもなく，2^n個の事象が識別できることに，合点がいこうというものです．

表1.1　3ビットで8ケース

3ビット			
1	*1*	*1*	*1*が3個
1	*1*	*0*	
1	*0*	*1*	*1*が2個
0	*1*	*1*	
1	*0*	*0*	
0	*1*	*0*	*1*が1個
0	*0*	*1*	
0	*0*	*0*	*1*が0個

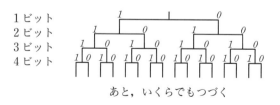

あと，いくらでもつづく

図1.2　nビットで2^nに枝分かれ

なお，2つの状態や信号を 1 と 0 とで表現するのは，情報数学の常套手段です．1 と 0 とをスイッチの ON と OFF や電荷の有無に対応させるなど，情報技術を説明するのにぴったりだからです．

〔**クイズ**〕 32人のチームがあります．0 と 1 だけで全員に背番号を付けて識別しようと思います．なん桁が必要でしょうか．言い換えれば，なんビットが必要でしょうか．35人なら，どうでしょうか．答は脚注．*

大きな情報量の単位

しつこいようですが，1ビットは2つから1つを指定する情報の量を表わし，もっとも基本的な情報量の単位です．しかし，情報の量をいい表わすとき，もっと大きな単位を使うほうが便利なことも少なくありません．ちょうど，なん個よりなんダースのほうが日常の取り扱いが便利であったり，グラムよりキログラムのほうが実感として把握しやすかったりするようにです．

そこで情報の量についても，いろいろな単位が使われますので，それをご紹介していこうと思います．まず

$$8 \text{ビット} \quad を \quad 1 \text{バイト} \qquad (1.3)$$

といいます．バイトは byte(bite とも書く)のことで，B と略記するのがふつうです．これに対して bit のほうは b と略記します．情報の伝達速度の単位として bps(bit per second)が多用されるように

---

* 〔**クイズの答**〕 32人なら5桁，つまり5ビットで過不足なくぴったり．35人なら6桁が必要です．0 と 1 の6桁をめいっぱい使えば64人ぶんの背番号ができるので余ってしまいますが，この際，やむを得ません．

です．bとBを混同されませんように．

それにしても，なぜ，8ビットが1Bなのかというと，つぎのとおりです．

一般のコンピュータでは，キーボードから命令を入力するとき，8つの信号（*1*か*0*）がひとかたまりになって記憶装置にはいっていきます．だから，コンピュータ関連の仕事をする方にとって，8個をひとかたまりにしたバイトは親しみやすい単位なのです．そして，1バイトは$2^8=256$個を識別できる情報量なので，「ニゴロク」とか，その半分の「イチニッパ」などの数字がコンピュータの社会をとび交ったりします．$2^8=256$個をひとかたまりにして使うと，いろいろ便利な点がありますが，そのうちのひとつは，たとえば，日本語のカナ文字，アルファベット，日常的に使われる各種の符号の合計が256個に満たないので，これらのすべてを1バイトで識別できることです．JIS規格によれば

  1 は *00110001*
  イ は *10110010*
  A は *01000001*
  ％ は *00100101*

などと，割り当てが決められています．[*]

つぎへすすみます．1バイトの1024倍を1キロバイト（kilobyte, KBと略記）といいます．私たちのふつうの感覚では，1グラムの1000倍が1キログラムなのに，なぜバイトのときには1024倍なのでしょうか．バイトは10進法の世界ではなく2進法の世界に生きているので，バイトにとって1000は半端な値なのに対して，

 ＊ JIS X 0201：1997 7ビット及び8ビットの情報交換用符号化文字集合．

$1024=2^{10}$ はキリのいい値だからです.*

そういうわけで，情報量を測るときには

$$2^{10} \text{バイト} = 1024 \text{バイト} \quad \text{を} \quad 1\,\text{KB(キロバイト)} \qquad (1.4)$$

といいます．そして，さらに 2^{10} 倍（1024 倍）ごとに

$$1024\,\text{KB} = 2^{20} \text{バイト} \quad \text{を} \quad 1\,\text{MB(メガバイト)} \qquad (1.5)$$

$$1024\,\text{MB} = 2^{30} \text{バイト} \quad \text{を} \quad 1\,\text{GB(ギガバイト)} \qquad (1.6)$$

$$1024\,\text{GB} = 2^{40} \text{バイト} \quad \text{を} \quad 1\,\text{TB(テラバイト)} \qquad (1.7)$$

などと，つづきます.**

だんだんと私たちの日常感覚から離れていきそうで心配です．これらの値を私たちの日常的な表現に直してみましょう．

まず，式(1.4)のKBを取り上げましょう．

$$1\,\text{KB} = 2^{10}\,\text{B} = 2^{10} \times 8\,\text{ビット} \qquad (1.8)$$

ですし，8 ビットは 2^8 個を識別できる情報量ですから，1 KB は

$$2^{10} \times 2^8 = 2^{18} \text{個を識別できる情報量（18 ビット）} \qquad (1.9)$$

です．他の単位についても同様な表現で書き並べると

$$\left.\begin{array}{ll}
1\,\text{B} = 8\,\text{ビット} & 2^8 = 256\,\text{個を識別} \\
1\,\text{KB} = (2^{10} \times 2^8) = 18\,\text{ビット} & 2^{18} = 約 26\,万個を識別 \\
1\,\text{MB} = (2^{20} \times 2^8) = 28\,\text{ビット} & 2^{28} = 約 2\,億 7\,千万個を識別 \\
1\,\text{GB} = (2^{30} \times 2^8) = 38\,\text{ビット} & 2^{38} = 約 2\,千 8\,百億個を識別 \\
1\,\text{TB} = (2^{40} \times 2^8) = 48\,\text{ビット} & 2^{48} = 約 280\,兆個を識別
\end{array}\right\} \quad (1.10)$$

というあんばいです．1 MB あれば，つまり，*1* と *0* を 28 個並べれば，日本の全人口にそれぞれ異なる背番号を余裕をもって配分でき

---

* $2^{10} \fallingdotseq 10^3$, $2^{100} \fallingdotseq 10^{30}$, $2^{1000} \fallingdotseq 10^{300}$ などを覚えておくと，情報や暗号の話に付き合うときに，学がありそうに見えます．

** $(a^m)^n = a^{mn}$ を思い出しましょう．

るくらいまでは理解できますが，それ以上になると，数値だけが独り歩きして実感が伴いませんね．

ちなみに，ネットワーク上の住所に相当する IP アドレスは，従来 32 ビットで表されてきましたが，これでは 2^{32}（約 43 億）の IP アドレスしか使用できないため，枯渇が心配されていました．そこで，新たに 128 ビットで表される次世代プロトコルが登場しました．これだと，2^{128}（1 兆の 3 乗）も識別可能なため，実質，無限大になったと言えるでしょう．

式(1.10)の大きな値を実感するために視点を変えてみましょう．日本語の 1 文字は，漢字も含めて，おおまかにいえば約 2 バイトの情報量を持っていると考えられています．いっぽう，この本は，1 行が 30 文字，1 ページが 25 行，約 250 ページですから，1 冊の中に

$$30 \times 25 \times 250 \fallingdotseq 187{,}500 \text{ 字}$$

くらいが納まる勘定です．図表やイラストなども挿入されていますが，それらは，その空間を文字で埋めたときと同程度の情報量を持っているとみなして，1 冊に約 187,500 字ぶんの情報が読み込まれているとしましょう．そうすると，1 字が約 2 バイトですから

$$1 \text{ 冊の情報量は} \quad 375{,}000 \text{ B} \fallingdotseq 0.38 \text{ MB} \quad (1.11)$$

の見当です．こうしてみると，わずか 1 MB の光ディスクにさえ，この本が 3 冊くらいは記憶させられることがわかります．さらに，1 GB のメモリーを使えば 3,000 冊くらいも入るのですから，GB という単位の凄さが認識できようというものです．

ハンパな情報量を測る

2つに1つは1ビット,4つに1つは2ビット,8つに1つは3ビット……などと書いてきましたが,それでは,3つに1つはなんビットでしょうか.5つに1つは?,6つや,7つなら……?

いままでの式(1.1)や式(1.2)などを,もういちど見ていただけませんか.いずれもnビットの情報量によって

$$2^n = x \text{ 個を識別できる} \tag{1.12}$$

という関係を示しています.そして具体的には,nが1,2,3,…と,とびとびに増大するにつれて,xが2,4,8,…と倍増していく様子ばかりが取り上げられ,xが3や5などの場合については触れていませんでした.しかし,nがとびとびの値でなく,1から2へ滑らかに移り変わっていくなら,途中でxが3になるようなところがあるはずです.それなら

$$2^n = 3 \tag{1.13}$$

となるような半端なnが,3個を識別するのに必要なビット数とみなすのが合理的ではありませんか.

ところが,式(1.13)が成り立つようなnを求めるには,どうしても対数の助けが必要です.少しばかりゆううつですが,情報数学を志した以上,対数を避けて通ることはできません.覚悟を決めて高校で学んだはずの対数の作法を思い出しておきましょう.いま

$$b^n = x \tag{1.14}$$

という関係があるとしましょう.このとき,bとxがわかっていて,nを知りたいなら

$$n = \log_b x \tag{1.15}$$

と書くのでした．そしてこれを，b を底(base)とした**対数**と呼ぶのでした．ところが，不幸なことに，b と x の値を知っていても，それらの値の加減乗除だけでは n の値を求めることができないので往生してしまいます．しかし，n の値，つまり対数の値が求まらなくては「情報数学のはなし」は前へ進みません．

この局面を打開する方策は 2 とおりあります．1 つは対数計算の機能を持った電卓を使うことです（Windows のスタートメニューにもありますね）．他の 1 つは市販されている数表を使うことです．しかし，いずれの場合でも b と x のあらゆる組合せについて n が求まるわけではありません．それでは組合せが多すぎて手に負えないので，b をある値に固定したうえで，x のほうだけを変化させながら，n の値を求めるようになっています．

このうち，b を 10 に固定したときの n の値

$$n = \log_{10} x \tag{1.16}$$

を**常用対数**といいます．電卓では，この値を算出するためのキーを $\boxed{\log}$ と表示してありますし，また，この値を数表にしたものが**常用対数表**です．一般に，ただ対数表といえば，この常用対数表を指すのがふつうで，私たちは，もっぱら常用対数を愛用することにします．そこで，この本の巻末にも，その数表を付けておきました．

これに対して，b を e という特殊な値[*]に固定したときの n の値

$$n = \log_e x \tag{1.17}$$

を**自然対数**といい，数理的には便利なのですが，ここでは深入りす

---

[*] e は $\lim_{n \to \infty} \left(1 + \dfrac{1}{n}\right)^n \fallingdotseq 2.71828\cdots\cdots$ という値で，π と並んで数学上もっとも重要な定数のひとつです．

る必要はないでしょう．なお，電卓で $\boxed{\ln}$ と表示してあるのは，自然対数を求めるためのキーですから，間違えて使われませんように．

さて，対数の話に道草を食ってしまいましたが，私たちの当面の問題に戻りましょう．私たちは

$$2^n = 3 \qquad (1.13)$$

と同じになるような n の値を見つけようとしているところでした．そこで，式(1.14)を式(1.15)の形に変えたときの真似をして，式(1.13)を書き直すと

$$n = \log_2 3 \qquad (1.18)$$

となるのですが，はて，困りました．私たちは10を底とする常用対数を愛用しようとしているのに，式(1.18)は2を底とする対数ではありませんか．

ところが，ほんとうは少しも困らないのです．2を底とする対数と10を底とする対数とは単純な比例関係

$$\log_2 x \fallingdotseq 3.32 \log_{10} x \qquad (1.19)^*$$

にあることがわかっているからです．したがって，$\log_2 x$ を求めるには，まず，$\log_{10} x$ を求めたうえで，それに3.32を掛ければすむというわけです．

さっそく，$\log_2 3$ を求めてみます．電卓を使うなら

$$\boxed{3}\ \boxed{\log}\ \boxed{\times}\ \boxed{3}\ \boxed{\cdot}\ \boxed{3}\ \boxed{2}\ \boxed{=} \qquad (1.20)$$

と押せば，1.5840……の値が表示され，いっちょ，あがりです．

数表を使って $\log_2 3$ を求めるには，まず，付録(1)の常用対数表を

---

* 底が異なる対数どうしが正比例すること，および，その一例として式(1.19)が成立することの証明は252ページの付録(2)に付けてあります．

引いて
$$\log_{10} 3 = 0.4771 \tag{1.21}$$
を求め，これに 3.32 を掛けて
$$\log_2 3 = 3.32 \times 0.4771 \fallingdotseq 1.5840 \tag{1.22}$$
としてください．

いろいろと回り道をしましたが，こうして，式(1.18)は
$$n = \log_2 3 \fallingdotseq 1.58 \tag{1.23}$$
となり，3つから1つを指定する情報の量は1.58ビットであることがわかりました．

それでは，5つから1つを指定する情報量はいくらでしょうか．6つなら……，7つなら……？　一般的にいえば，確率が等しい x 個の中の1つを指定する情報の量は

表1.2 x個から1つを選ぶ情報量（$\log_2 x$ビット）

x	$\log_2 x$	x	$\log_2 x$	x	$\log_2 x$
1	0.00	11	3.46	21	4.39
2	1.00	12	3.58	22	4.46
3	1.58	13	3.70	23	4.52
4	2.00	14	3.81	24	4.58
5	2.32	15	3.91	25	4.64
6	2.58	16	4.00	26	4.70
7	2.81	17	4.09	27	4.75
8	3.00	18	4.17	28	4.81
9	3.17	19	4.25	29	4.86
10	3.32	20	4.32	30	4.90

$$\log_2 x = n \text{ビット} \tag{1.24}$$

なのですが，xにつれてビット数はどう変化しているでしょうか．誰にでもわけなく計算できますが，計算結果を表1.2にしておきましたから，ごらんください．

この表を見ながらちょっと道草を食ってみましょうか．いま，24人の容疑者が捕まり，その中の1人が真犯人だと思っていただきます．このとき，これが真犯人だと教えてくれる情報は

$$4.58 \text{ビット} \tag{1.25}$$

です．また，2列に12人ずつ並べて「2列めの5番めが犯人」というように教えてくれる情報は，「2つの中の1つ」と「12の中の1つ」ですから

$$1.00 + 3.58 = 4.58 \text{ビット} \tag{1.26}$$

です．さらにまた，3列に8人ずつ並べたなら

第 1 章　情報の量を測る

$$1.58 + 3.00 = 4.58 \text{ ビット} \tag{1.27}$$

となりますし，さらにさらにまた，4 列に 6 人ずつ並べたときは

$$2.00 + 2.58 = 4.58 \text{ ビット} \tag{1.28}$$

というぐあいに，気持ちよくつじつまが合っているので，嬉しくなってしまうではありませんか．

　ここで，対数には，底の値にかかわらず

$$\log a + \log b = \log(a \times b) \tag{1.29}$$

の関係があることを思い出していただくと

$$\left.\begin{array}{l}
\text{式}(1.26)\text{は}\quad \log_2 2 + \log_2 12 = \log_2 24 \\
\text{式}(1.27)\text{は}\quad \log_2 3 + \log_2 8 = \log_2 24 \\
\text{式}(1.28)\text{は}\quad \log_2 4 + \log_2 6 = \log_2 24
\end{array}\right\} \tag{1.30}$$

の場合であったことに気がつき，ますます合点がいきます．

〔追記〕　対数の底を 2 として表わした情報量の単位が bit でした．底を 10 としたときの単位を Hartley(ハートレー) または dit(ディット) あるいは decit(デシット)，底を e としたときの単位を nat(ナット) といいます．また，統計力学では 10^{16} bit を単位として使ったりもします．

第 2 章

情報の量を見積もる
―― エントロピーが切り札 ――

確率で変わる情報量

 ものごとを進めるには 'Step by step' でなければなりません. さもないと 'Make a false step(足を踏みはずす)' になってしまいます. この本も, あせらず, あわてず, 'Step by step' で進みましょう.

 前の章では, 同じ確率で起こる 2^n ケースから任意の 1 つを指定するための情報量, 言い換えれば, 同じ確率で起こる 2^n ケースを識別するための情報量が n ビットであると書いてきたのでした. それでは, 1 歩前進して, 確率が等しくない 2 つ以上のケースを対象とする場合の情報量については, どう考えればいいのでしょうか.「犬が人に嚙みついてもたいしたニュースではないが, 人が犬に嚙みつけば大ニュースだ」[*] というくらいですから, 珍しいことを知らせるニュースのほうが情報量が多そうに感じますが.

---

[*] 「ニューヨーク・トリビューン」の編集長を務めたチャールズ・デーナの言葉として知られています.

第2章 情報の量を見積もる

　珍しさと情報量の関係を調べる First step はコイン投げです．コインを投げると 0.5 の確率で表が，そして残りの 0.5 の確率で裏が出るので，イメージが湧きやすく，古今東西を通じて確率の話のトップをきるのが常なのです．なお，蛇足ですが，外国の文献でコインの表をH，裏をTと略記するのは，コインの表には国王などの顔が刻まれていることが多いので Head の頭文字を使い，裏には，それと反対側の Tail の頭文字を使うからだと聞いています．

　本筋へ戻ります．コインを投げたときHが出たという情報の量は，同じ確率で起こる2つのうちの1つを指定していますから1ビットに相違ありません．……が，これはまた，確率 1/2 の事象が起こったことを教えてくれる情報の量は1ビットであることを意味します．

　珍しさと情報の関係を調べる Second step はサイコロです．サイコロは，1/6 ばかりか，1/2 や 2/3 などいろいろな確率を作り出せるので，確率の話には欠かせない役者です．サイコロを振ったとき⦿が出たと教えてくれる情報の量は，6つから1つを指定するのですから

$$2^n = 6 \quad \text{すなわち} \quad n = \log_2 6 \tag{1.24の応用}$$

となる n の値で，この値は表 1.2(20ページ)によって 2.58 ビットです．このことはまた，確率が 1/6 の事象が起こったことを教えてくれる情報の量が 2.58 ビットであることを意味しています．

　これらのことを一般論に拡張すれば，確率が等しい x 個の中の1つを指定する情報量が

$$\log_2 x = n \text{ ビット} \tag{1.24と同じ}$$

であると同時に，確率が $1/x$ である現象が起こったことを教える情報の量も，それと等しいことを意味します．そこで，その確率を

p と書くと

$$p = 1/x \quad \therefore \quad x = 1/p$$

ですから，p の確率で起こる事象が実際に起こったことを教える情報の量は

$$\log_2 \frac{1}{p} \text{ビット} \tag{2.1}{}^*$$

で表わせることがわかりました．

一例を見ていただきましょう．1つの面は◉で，残りの5面はノッペラボーのおばけサイコロを振ったとき，◉が出たことを教えてくれる情報の量は，14行ほど前にも書きましたが，式(2.1)によってもです．

$$\log_2 \frac{1}{1/6} = \log_2 6 = 2.58 \text{ビット} \tag{2.2}$$

これに対して，◉が出なかったこと，つまり，ノッペラボーの5面のうちのどれかが出たことを教える情報の量は

$$\log_2 \frac{1}{5/6} = \log_2 1.2$$
$$= 3.32 \times 0.0792 \fallingdotseq 0.263 \text{ビット} \tag{2.3}$$

式(1.19)から─↑　　　↑─電卓または数表から

です．見てください．確率 1/6 の珍しい事象がもたらす情報は 2.58 ビットもあるのに，確率 5/6 のありふれた事象がもたらす情報は 0.263 ビットしかないのです．やはり，人が犬に噛みつけば大ニュースなのに対して，犬が人に噛みついてもニュースにはならないのですね．

---

* 式(2.1)は，「$-\log_2 p$ ビット」としてもいいのですが，対数のマイナスの意味が直感的にわかりにくいので，式(2.1)のまま使うことにしました．

ちなみに,「カラスは黒かった」というように,必ず起こること,つまり,確率が1の事象が報告されても,それがもたらす情報量は

$$\log_2 1/1 = \log_2 1 = 0 \text{ビット} \tag{2.4}$$

です. 当り前のことを教えてもらっても情報は少しもふえませんから,情報量がゼロなのは当然です. いっぽう,「カラスは白かった」というような,確率がほとんど0の事象が報告されたら,それがもたらす情報量は

$$\lim_{x \to 0} \log_2 1/x = \lim_{x \to 0} \log_2 x \ \to \ \infty \text{ビット} \tag{2.5}$$

というわけで,パニック状態に陥るかもしれません.

〔**クイズ**〕 宝くじにもいろいろな種類がありますが,一例として1等に当選する確率は100万分の1,4等に当選する確率は10分の1としましょう. 1等当選の朗報は,なんビット? また,4等当選の知らせは,なんビットでしょうか.

〔**クイズの答**〕 $3.32 \log_{10} 10^6 = 3.32 \times 6 = 19.92$ ビット

$3.32 \log_{10} 10 = 3.32 \times 1 = 3.32$ ビット

対数の性質によって,$\log_2 x$ の x が増大しても,その割には $\log_2 x$ の値は大きくなりません. 100万分の1の確率でしか起こらないような珍ニュースでも,20ビットそこそこなのですから…. 逆に言えば,ビット数が大きくなるにつれて,その情報の珍しさは急速に増大することを意味します.

期待できる情報量がエントロピー

1つの面が●で,残りの5面はノッペラボーの1つ目小僧サイコロに再登場してもらいましょう. このお化けサイコロを振ったとき,

⦿が出たことがもたらす情報の量は式(2.2)によって2.58ビットです．また，ノッペラボーの面が出たことがもたらす情報量は，式(2.3)によって0.263ビットでした．

それでは，このお化けサイコロを振るたびに，1回あたり平均して，どのくらいの情報量をもたらしてくれるでしょうか．平均していえば，6回に1回の割で⦿が出て2.58ビットをもたらし，また，6回に5回の割でノッペラボーが出て0.263をもたらすのですから，1回あたりの情報の平均値(期待値といってもいい)は

$$\frac{1}{6}\times 2.58+\frac{5}{6}\times 0.263≒0.65 \text{ビット} \tag{2.6}$$

ということになります．立場を代えてみれば，この1つ目小僧のお化けサイコロは，ひと転がりあたり0.65ビットの情報を発信する潜在能力を持っていると言ってもいいでしょう．このような1回の試行あたりの情報量を**エントロピー**(entropy)と呼びます．もっと素直に平均情報量(average quantity of information)と言うこともありますが，やはり，エントロピーのほうが恰好いいでしょう．

つぎへ進みましょう．こんどは，⦿から⚅までの6種の面を持つ正しいサイコロのエントロピーを求めてみます．正しいサイコロでは，6回に1回の割で⦿が出て2.58ビットをもたらし，6回に1回の割で⚁が出て2.58ビットをもたらし，…(中略)…，6回に1回の割で⚅が出て2.58ビットをもたらすのですから，1回あたりの情報の平均値は

$$\frac{1}{6}\times 2.58+\frac{1}{6}\times 2.58+\cdots\text{(中略)}\cdots+\frac{1}{6}\times 2.58$$

$$= \frac{6}{6} \times 2.58 = 2.58 \text{ビット} \tag{2.7}$$

と計算されます．これが，正しいサイコロを振ったときのエントロピーです．

正しいサイコロを振ったときのエントロピーは2.58ビットで，これは，⦁が出たと教えてくれる情報の量が2.58ビットであることと一致します．それもそのはず，サイコロを振れば必ずどの目かが出るのですから．そして，どの目が出ても2.58ビットの情報をくれるのですから，もたらされる情報の平均値(期待値)であるエントロピーは2.58ビットなのです．

1つ目小僧のお化けサイコロの場合には，ノッペラボーの面が5つもあるので，振る前からたぶんノッペラボーが出るだろうと予想がつくくらいですから，ノッペラボーが出たことを教えてもらっても情報量は僅かです．だから，正しいサイコロよりエントロピーが小さいわけです．

ついでに，コイン投げのエントロピーも求めておきましょうか．コインを投げるとHかTが出るし，どちらが出る確率も1/2ずつなので，どちらが出ても1ビットの情報が手に入ります．だから，エントロピーは

$$\frac{1}{2} \times 1 + \frac{1}{2} \times 1 = 1 \text{ビット} \tag{2.8}$$

です．つまり，コインを投げるたびに1ビットが手に入るのが平均だというのですから，あたりまえすぎるぐらいあたりまえなのです．

このようなエントロピーを数学的に記述しておきましょう．なんといっても，この本は「情報数学のはなし」ですから．

起こる可能性がある n 個の事象があり，n 個は互いに排反[*]で，それぞれが起こる確率 p_1, p_2, $\cdots$, p_n が

$$p_1+p_2+\cdots+p_n=1 \tag{2.9}$$

であるとします．そのとき

$$H=p_1\log 1/p_1+p_2\log 1/p_2+\cdots+p_n\log 1/p_n \tag{2.10}$$

を，これらの事象のエントロピーといいます．対数の底が2であれば，エントロピーの単位はビットです．

エントロピーの性質

AとBが勝負をします．すもうでもテニスでも，あるいは碁でも将棋でも，なんでも結構です．お気に入りの勝負を頭に描いてください．

AとBとは，いままで数多くの勝負をしてきたので，勝率のデータがあります．それを

　　Aの勝率を　p
　　Bの勝率を　$1-p$

としましょう．そうすると，勝負のエントロピー(ビット)は

$$H=p\log_2\frac{1}{p}+(1-p)\log_2\frac{1}{1-p} \tag{2.11}$$

です．p は 0〜1 の値ですが，p の変化につれて H はどのような値になるでしょうか．

図2.1を，ごらんください．Aと出るかBと出るかの二者択一の

---

[*] 2つの事象AとBがあり，一方が起これば他方が起こらないとき，AとBは排反であるといいます．

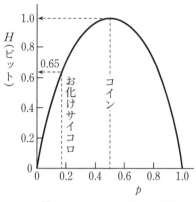

図 2.1 エントロピーの変化

事象の場合について，A(Bでもいい)が起きる確率 p を横軸にとり，縦軸にはこの事象のエントロピー H をとって，p と H の関係をグラフに描いてあります．見ていただければ一目瞭然．p が 0 なら B が起きるに決まっていますから，不確かさを表わすエントロピーは 0．A と B の確率が拮抗するにつれて不確かさは増大し，p が 0.5 のところでは，A と出るか B と出るかがまったく予想できないので，不確かさが最大になります．そして，さらに p が 1 に近づくにつれて A が起きることが確実になっていくので，エントロピーは 0 に戻ります．

なお，図の中には，コイン投げのエントロピーが式(2.8)のように 1 ビットであることと，1 つ目小僧のお化けサイコロのエントロピーが式(2.6)によって 0.65 ビットであることを裏付ける点線が記入してありますので，確認しておいてください．

つぎへすすみましょう．こんどは，A と B と C が，ある競技の優勝を争います．ただし，過去の実績から

$$\left.\begin{array}{l} \text{Aが優勝する確率} \quad p_a \\ \text{Bが優勝する確率} \quad p_b \\ \text{Cが優勝する確率} \quad p_c \\ \text{ただし,} \ p_a+p_b+p_c=1 \end{array}\right\} \quad (2.12)$$

であることを知っているとします.p_a, p_b, p_cの値によって,エントロピーの値はどのように変化するでしょうか.

この変化の様子を図2.1のようなグラフに描くのは得策ではありません.x-y-z座標を使って,x軸にはp_aを,y軸にはp_bをとり,$p_c=1-p_a-p_b$として式(2.10)で求めたエントロピーHをz軸方向にとった立体図をイラストにすることは可能ですが,理解しやすい絵になるとは思えません.

やむを得ませんから,p_aとp_bとp_cが特別な関係にあるいくつかの場合についてエントロピーを計算し,3つの確率に依存するエントロピーの様相を察知しようと思います.そのために

(1) $p_a=1$, $p_b=0$, $p_c=0$

(2) $p_a=2/3$, $p_b=1/3$, $p_c=0$

(3) $p_a=1/2$, $p_b=1/2$, $p_c=0$

(4) $p_a=1/3$, $p_b=1/3$, $p_c=1/3$

の4ケースについてエントロピーを求めてみましょう.(1)は勝率が極端に偏っている場合,(2)はp_aからp_bへ確率を1/3だけ分け与えて偏りを少し緩和した場合,(3)は分け与える確率をふやして偏りをさらに緩和した場合,(4)は優勝する確率を3人に等しく配分した場合です.確率の偏りを徐々に変えながら,エントロピーの変化を観察しようという魂胆です.

では,(1)～(4)の各ケースごとに,エントロピー(単位ビット)を計

算しましょう．計算式は

$$H = p_a \log_2 \frac{1}{p_a} + p_b \log_2 \frac{1}{p_b} + p_c \log_2 \frac{1}{p_c} \tag{2.13}$$

であることは，もちろんです．

      ┌― 式(1.19)から
(1) $1 \times \log_2 1/1 = 1 \times 3.32 \times 0 = 0$ ビット
      └― $\log 1$ は 0 です

(2) $\dfrac{2}{3} \log_2 \dfrac{3}{2} + \dfrac{1}{3} \log_2 3$

  $= \dfrac{2}{3} \times 3.32 \times 0.176 + \dfrac{1}{3} \times 3.32 \times 0.477 \fallingdotseq 0.92$ ビット

(3) $\dfrac{1}{2} \log_2 2 + \dfrac{1}{2} \log_2 2 = 0.5 \times 1 + 0.5 \times 1 = 1$ ビット

(4) $\dfrac{1}{3} \log_2 3 + \dfrac{1}{3} \log_2 3 + \dfrac{1}{3} \log_2 3$

  $= 3\left(\dfrac{1}{3} \times 3.32 \times 0.477\right) \fallingdotseq 1.58$ ビット

となりました．この計算結果は，なにを物語っているでしょうか．

(1)は，Aだけにしか優勝の確率がありません．だから，戦う前からAの優勝が決まっていて不確かさは皆無です．それなら，不確かさという意味でも，戦いの結果を知らされたときの情報量の平均値という意味でも，エントロピーはゼロに決まっています．

(2)では，AとBにしか優勝の可能性がなく，確率が2/3と1/3に分かれているのですから，図2.1において p を2/3にした場合に相当します．だから，エントロピーは1ビットより小さいに決まっています．

(3)の場合は,AとBにしか優勝の可能性がなく,しかも,両者の勝率が等しいのですから,状況はコイン投げの場合と同じで,エントロピーが1ビットなのは当然です.

(4)では,3人の勝率が等しいのですから,だれが優勝するか見当がつきません.だから,不確かさのバロメータであるエントロピーが最大になるのは,なんの不思議もありません.

一般的にいって,n個の事象を対象にしたエントロピー

$$H = p_1 \log 1/p_1 + p_2 \log 1/p_2 + \cdots + p_n \log 1/p_n$$

(2.10)と同じ

ただし,$p_1 + p_2 + \cdots + p_n = 1$

が最大になるのは

$$p_1 = p_2 = \cdots = p_n \tag{2.14}$$

のときです.そして,そのときには

$$p_1 = p_2 = \cdots = p_n = 1/n \tag{2.15}$$

となりますから,これを式(2.10)に代入してみれば

$$H = \log n \tag{2.16}$$

になっていることも明らかです.前記の(4)のケースの情報量が

$$\log_2 3 = 1.58 \text{ビット}$$

と等しかったことを確認しておいてください.

いっぽう,式(2.10)が最小になるのは,$p_1, p_2, \cdots, p_n$ のうち,1つだけが1で,残りはすべて0の場合です.その理由は前ページの(1)の説明のとおりで,エントロピーはゼロになります.

〔クイズ〕 ある種の宝くじは,1等当選の確率が100万分の1,2等が1万分の1,3等が1000分の1,4等が10分の1です.この宝くじのエントロピーはいくらですか.答は脚注.*

結合事象のエントロピー

いく度も登場して恥ずかしいのですが,また,コインとサイコロです.コインはもちろん,サイコロのほうも1つ目小僧のお化けサイコロではなく,まともなサイコロを使います.

1枚のコインと1個のサイを同時に振ったと思ってください.コインはHかT,サイは⚀から⚅までの目が同じ確率で現れますから,コインとサイの両方に注目すると12ケースのうちの1ケースが現われ,しかも,12ケースの確率はすべて等しく1/12ずつです.そうすると,この現象のエントロピーは,さっそく式(2.16)を使って

$$H = \log n = 3.32 \times \log_{10} 12$$
$$= 3.32 \times 1.079 \fallingdotseq 3.58 \text{ビット} \quad (2.17)$$

　　　↑電卓または数表から

です.ここで27ページで求めたように

$$\left. \begin{array}{l} \text{コインのエントロピー　　1 ビット} \\ \text{サイコロのエントロピー　2.58 ビット} \end{array} \right\} \text{計 } 3.58 \text{ ビット}$$

であることを思い出していただきます.そして,この両方を加えると式(2.17)で求めた3.58ビットと一致することを確認していただ

---

* 〔クイズの答〕

$10^{-6}\log_2 10^6 + 10^{-4}\log_2 10^4 + 10^{-3}\log_2 10^3 + 10^{-1}\log_2 10$

$= 3.32(10^{-6}\log_{10} 10^6 + 10^{-4}\log_{10} 10^4 + 10^{-3}\log_{10} 10^3 + 10^{-1}\log_{10} 10)$

$= 3.32(6 \times 10^{-6} + 4 \times 10^{-4} + 3 \times 10^{-3} + 1 \times 10^{-1})$

$= 3.32 \times 0.103406 \fallingdotseq 0.34 \text{ビット}$

宝くじのエントロピーは,たった0.34ビットしかありません.しかも,そのほとんどは4等によってもたらされています.それもそのはず,1～3等はほとんど当たらないことを知っているのですから.

きましょう．うまく勘定が合うものですね．

ついでですから，もうひとつ……．こんどは，ふつうのコインと1つ目小僧のお化けサイコロをいっしょに振りましょう．こんどは起こる事象はつぎの4とおりしかなく，それぞれが起こる確率は

$$\left.\begin{array}{ll} \text{Hと}\blacksquare & 1/2\times1/6=1/12 \\ \text{Hと}\square & 1/2\times5/6=5/12 \\ \text{Tと}\blacksquare & 1/2\times1/6=1/12 \\ \text{Tと}\square & 1/2\times5/6=5/12 \end{array}\right\} \quad (2.18)$$

です．それなら，このエントロピーは，途中の数値計算は各人にお任せすることにして

$$1/12 \log 12 \times 2 + 5/12 \log 12/5 \times 2$$
$$\fallingdotseq 0.597 + 1.052 \fallingdotseq 1.65 \text{ ビット} \quad (2.19)$$

となります．この値も

$$\left.\begin{array}{ll} \text{コインのエントロピー} & 1 \text{ ビット} \\ \text{お化けサイコロのエントロピー} & 0.65 \text{ ビット} \end{array}\right\} \text{ 計}1.65\text{ビット}$$

と気持ちよく一致します．

この節では，コインとサイコロを同時に振ったときの2つの事象をひとまとめにして観察しました．そして，コインの裏表とサイコロの目には，互いになんの拘束もありませんでした．つまり，互いに独立だったわけです．このように，<u>互いに独立な2つ以上の事象をひとまとめにした事象を**結合事象**といいます</u>．

そして，結合事象のエントロピーは，個々の事象のエントロピーの和で表わされます．この節でご紹介した2つの例のようにです．これは，エントロピーの持つ重要な性質のひとつです．

なお，これから数ページにわたって，1/12，2/12，…，11/12

の確率 p がからんだエントロピーの例題をご紹介する予定なので，その数値計算に必要な $\log_2 1/p$ と $p\log_2 1/p$ の値を表2.1 に並べておきました．必要に応じてお使いください．式(2.19)の計算の値をこの表から拾ってみていただければ幸いです．

表 2.1　計算のお手つだい

p	$\log_2 \dfrac{1}{p}$	$p\log_2 \dfrac{1}{p}$
1/12	3.5829	0.2986
2/12	2.5835	0.4306
3/12	2.0000	0.5000
4/12	1.5840	0.5280
5/12	1.2623	0.5260
6/12	1.0000	0.5000
7/12	0.7769	0.4532
8/12	0.5846	0.3897
9/12	0.4144	0.3108
10/12	0.2629	0.2191
11/12	0.1255	0.1150

マイナスの情報量もある

いくらなんでも，コインとサイコロからは卒業しましょう．こんどは，天気予報を題材に使うことにしました．天気は，晴，晴ときどきくもり，……，雨，雪など多種多様ですが，ここでは例題を単純にするために，「晴」と「雨」の2種類しかないことに同意してください．そして，永年のデータから予報と実際とがつぎのような関係にあることが知られているとしましょう．

$$\text{予報が「晴」} < \begin{array}{l} 9/12 \text{ が当たって，実際に晴} \\ 3/12 \text{ が外れて，実際は雨} \end{array} \quad (2.20)$$

$$\text{予報が「雨」} < \begin{array}{l} 9/12 \text{ が当たって，実際に雨} \\ 3/12 \text{ が外れて，実際は晴} \end{array} \quad (2.21)$$

さらに　予報が「晴」と出る割合は　8/12

　　　　予報が「雨」と出る割合は　4/12

という実績も記録されています．そうすると，全体を通して

晴の割合＝予報が「晴」で実際に晴
　　　　＋予報が「雨」で実際は晴

$$=8/12 \times 9/12 + 4/12 \times 3/12 = 7/12 \quad (2.22)$$

雨の割合$=4/12 \times 9/12 + 8/12 \times 3/12 = 5/12 \quad (2.23)$

となっているはずです．これらを一覧表にすると表 2.2 のようになります．分数の分母を 12 に統一してあるのは，表 2.1 の値を使いやすくするための配慮にすぎません．また，たとえば，予報が晴で，実際も晴の交点にある 6/12 は，式 (2.22) のうち

$$8/12 \times 9/12$$

に相当していることなども，読みとれるでしょう．

表 2.2　予報と実際の関係

		実際	
		晴	雨
		7/12	5/12
予報	晴 8/12	6/12	2/12
予報	雨 4/12	1/12	3/12

では，本番にはいります．私たちは予報を聞かなくても，天気が晴の確率が 7/12 で，雨の確率が 5/12 であることを知っています．したがって，私たちにとって天気の不確かさを示すエントロピーは

$$7/12 \log_2 12/7 + 5/12 \log_2 12/5$$

この値は，35 ページの表 2.1 を参照すれば

$$=0.4532+0.5260 \fallingdotseq 0.979 \text{ ビット} \quad (2.24)$$

です．ところが，「晴」という予報を聞いたあとでは式 (2.20) のとおりですから，エントロピーは

$$9/12 \log_2 12/9 + 3/12 \log_2 12/3$$

$$=0.3108+0.5000 \fallingdotseq 0.811 \text{ ビット} \quad (2.25)$$

になります．すなわち，予報を聞く前のエントロピーよりも

$$0.979-0.811=0.168 \text{ ビット} \quad (2.26)$$

だけ減少したわけです．この 0.168 ビットが「晴」の予報がもたらす情報の量です．

いっぽう，「雨」という予報を聞いたあとのエントロピーも，式(2.21)によって

$$9/12 \log_2 12/9 + 3/12 \log_2 12/3$$
$$= 0.3108 + 0.5000 ≒ 0.811 \text{ ビット} \tag{2.27}$$

ですから，やはり，予報を聞く前のエントロピーよりも

$$0.979 - 0.811 = 0.168 \text{ ビット} \tag{2.28}$$

だけ減少しているので，「雨」の予報も 0.168 ビットの情報をもたらしてくれることがわかりました．[*]

ここで，式(2.25)の 0.811 ビットは，「晴」という予報が出たという条件の下でのエントロピーでしたし，また，式(2.27)の 0.811 ビットは，「雨」という予報を聞いたという条件下でのエントロピーでした．このようなエントロピーは**条件付きエントロピー**といわれます．

ちょっと肝心な補足をします．こんどは，予報が「晴」のときの当たり方は式(2.20)のままとして，予報が「雨」のときを

$$\text{予報が「雨」} \begin{cases} 6/12 \text{ が当たって，実際に雨} \\ 6/12 \text{ が外れて，実際は晴} \end{cases} \tag{2.29}$$

と変えてみましょう．そうすると，表2.2 は表2.3 のように変わりますが，これはこれで辻つまが合っています．この場合についてエントロピーを計算してみると，予報が出る前のエントロピーは

---

[*] 式(2.26)と式(2.28)の値が一致していることに意味はありません．ほんとうは異なる値になるような例題にしたかったのですが，表2.1を利用してらくをしたいために，このような例題になってしまいました．

$$8/12 \log_2 12/8 + 4/12 \log_2 12/4$$
$$= 0.3897 + 0.5280 ≒ 0.918 \tag{2.30}$$

なのに対して,「晴」の予報を聞いたあとでは式(2.25)によって0.811ビットですから

$$0.918 - 0.811 = 0.107 \text{ ビット} \tag{2.31}$$

だけ減少します．これが「晴」の予報によってもたらされた情報量です．

表2.3 こんな予報, あり？

		実 際	
		晴	雨
		8/12	4/12
予報	晴 8/12	6/12	2/12
予報	雨 4/12	2/12	2/12

いっぽう,「雨」の予報を聞いたあとのエントロピーは, 式(2.29)によって

$$6/12 \log_2 12/6 + 6/12 \log_2 12/6 = 0.5000 \times 2 = 1 \text{ ビット} \tag{2.32}$$

です．予報を聞く前のエントロピー0.918ビットより

$$1 - 0.918 = 0.082 \text{ ビット} \tag{2.33}$$

だけ「増加」してしまいました．したがって，この予報がもたらした情報量は「マイナス0.082ビット」なのです．

それもそのはず，式(2.29)からわかるように，「雨」の予報は当たる確率と外れる確率が1/2ずつですから，これはまさに「当たるも八卦，当たらぬも八卦」で，人心を惑わす以外のなにものでもありません．このように，それまでの経験的常識を破壊するだけの情報の情報量はマイナスなのです．実感としてもナットクできるではありませんか．

エントロピーを手掛りに

エントロピーの性格を浮き彫りにするために，クイズっぽい話に付き合っていただきましょう．伏せて置かれた1枚のカードには

　　　A，B，C，D，E，F，G，H

の8文字のうちの1つが書かれています．それを当てるために質問が許されているのですが，質問に対しては，YESかNOの答しか返ってきません．さて，どのように質問すれば，最少の質問回数で確実に隠された文字をいい当てることができるでしょうか．

この問題は，9ページで8つの部屋から1つの部屋を特定したときと性格が同じですから，「2階の，右半分の，左側」のように半分ずつを肯定(あるいは否定)してもらえば，3回の質問で隠された文字をいい当てることができるに決まっています．それにもかかわらず，再びこの問題を提起した理由は，なぜ「半分ずつ」なのかを，より深く考えてみたいからです．

まず，1回めの質問には

　　　A　ですか

　　　AかB　ですか

　　……(中略)……

　　　AかBかCかDかEかFかG　ですか

の7種があります．AからHまでの8文字を挙げて質問すれば答はYESに決まっていますし，決まっている答を聞いても入手できる情報量はゼロですから，この質問は省いてあります．

さて，上記の7種の質問に対してはYESかNOかの答が返ってくるはずですが，それらの答にはどれだけの情報量が期待できるで

しょうか.

ひとつの例を計算してみましょう.「AかB」ですかと尋ねた場合, 答がYESなら, 2/8の確率の事象が起こったことを教えてくれたわけですから, その情報量は式(2.1)によるまでもなく

$$\log_2 1/p = \log_2 8/2 = \log_2 4 = 2 \text{ ビット} \tag{2.34}$$

です. また, 答がNOなら確率6/8の事象が起こったのですから, 35ページの表2.1から数値をもらえば

$$\log_2 8/6 = \log_2 12/9 \fallingdotseq 0.41 \text{ ビット} \tag{2.35}$$

の情報量を得ることになります. そうすると,「AかB」という質問で得られる情報の期待値, すなわちエントロピーは, 式(2.6)などのときと同様に

$$\frac{1}{4} \times 2 + \frac{3}{4} \times 0.41 \fallingdotseq 0.81 \text{ ビット} \tag{2.36}$$

と求められます. 同様に, 他の質問についても, 答がYESやNOのときの情報量とエントロピーを計算して, 表2.4にしておきまし

表2.4 情報量を最大にする質問

質　　　問	回答から得る情報量		エントロピー
	YES	NO	
A	3.00	0.19	0.54
A, B	2.00	0.41	0.81
A, B, C	1.42	0.68	0.96
A, B, C, D	1.00	1.00	1.00
A, B, C, D, E	0.68	1.42	0.96
A, B, C, D, E, F	0.41	2.00	0.81
A, B, C, D, E, F, G	0.19	3.00	0.54

た．この表を参照しながら，どの質問を選ぶのが賢いかを考えてみてください．

まず，「隠された文字を確実に言い当てることのできる質問回数」を最少にするという観点でみれば，「AかBかCかDですか」と尋ねるのが最良です．この質問をすれば，回答がYESであってもNOであっても，確実に1ビットを稼げるからです．これ以外の質問をすると，うまくいけば一挙に3ビットを稼いで8文字のうちの1文字を言い当てるかもしれませんが，1ビットより少ない情報しか得られず，隠れた文字を言い当てるまでの質問回数が3回を上回ってしまう可能性が大です．

つぎに，「隠された文字を言い当てる質問の平均回数」を最少にするという観点で表2.4を見てください．それには，情報量の平均値（期待値）であるエントロピーが最大になるように質問をすればいいのですから，「AかBかCかDですか」と尋ねると決まったものです．

こうして，「いつでも確実に言い当てるための質問回数」という観点からみても，「言い当てるまでの平均回数」という観点からみても，「半分ずつ」を肯定または否定する1ビットの情報が基本なのです．

実は，エントロピーが最大になるように質問を選べば，どんな場合でも――答がYESとNOの2つだけではなく，3つ以上の場合でも――どちらの観点からみた質問回数も最少になることが証明されているのです．

エントロピーで天下の難パズルに挑む

ひきつづき、エントロピーを活用する例題を楽しみましょう。4枚のコイン①、②、③、④があります。外見はまったく同じですが、1枚だけはにせ金で、重さが少しだけ違っています。重すぎるのか軽すぎるのかは不明です。天秤による測定を2回だけ行なって、確実ににせ金を摘発することができる測定の手順を考え出してください。

答は、図2.2のとおりです。解説するまでもないとは思いますが、まず、1回めの測定ではコイン①と②を天秤の左右に乗せます。そのとき

(1) 天秤が水平なら①と②は本物　③か④がにせ金
(2) 天秤が傾いたら①か②がにせ金　③と④は本物

であることが明らかです。そこで、2回めの測定では

(1)の場合は、①と③を天秤に乗せ

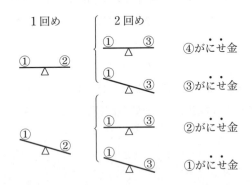

図2.2　4枚の中からにせ金を探す

水平なら④がにせ金，傾いたら③がにせ金

(2)の場合は，①と③を天秤に乗せ

　水平なら②がにせ金，傾いたら①がにせ金

と判定することができます．これで，2回の天秤測定で4枚の中から1枚のにせ金を特定する手順が確立できました．

　なお，この2回の測定法では，特定されたにせ金が重すぎるか軽すぎるかの判定が常にできるとは限りません．図2.2の④のように，いちども天秤に乗らなかったコインがにせ金であった場合には，重すぎか軽すぎかの判断がつかないからです．

　つぎへすすみます．これからがこの節の本番で，天下の難問といわれるパズルです．

　12枚のコイン①，②，…，⑫の中に1枚のにせ金が含まれています．3回の天秤測定で必ずにせ金を特定するとともに，にせ金が重すぎか軽すぎかを判定する手順を見つけてください．

　本当かどうかは知りませんが，このパズルには，つぎのような愉快なエピソードが語りつがれています．第二次世界大戦(1939〜45)は，すでに世界中に植民地を拡げて利権を得ていた英米などの連合国と，それに割り込もうとする日独などが，世界中を巻き込んで激しい戦争を繰り広げ，死傷者が5,600万人ともいわれる未曾有の大戦でした．その最中に，このパズルがアメリカの中で広まり，科学者たちが熱中しすぎて，戦力にも支障をきたすほどになったというのです．そこで，困ったアメリカが，このパズルのビラをドイツの上空から散布したところ，ドイツの科学者たちも熱中してしまい，両者，痛み分けになったというのです．

　なぜ日本には散布しなかったのでしょうか．日本の科学者は知的

好奇心に欠けるから効き目がないと思われたのでしょうか．それとも，知的好奇心を押さえ込んで本務に精励するほど任務意識が高いと評価されたのでしょうか．

本筋に戻ります．このパズルに図2.2と同じような思考で立ち向かうのは容易ではありません．天秤に乗せるコインの数と，その結果として得られる情報の組合せは多岐にわたるため，頭がくらくらしてきます．そこで，情報数学の力を借りようと思います．

まず，1回めの測定では天秤の左右の皿に1枚ずつ乗せる，2枚ずつ乗せる，…(中略)…，6枚ずつ乗せる，の6つのケースがあります．念のために付け加えると，左右のコインの数が異なれば，数の多いほうへ傾くに決まっています．決まっていることを試しても得られる情報量はゼロですから，試す必要はありません．ただし，6枚ずつを乗せれば，どちらかに傾くに決まっていますが，左が下がれば「左の皿に重いにせ金があるか，右の皿に軽いにせ金がある」というような情報を入手できますから，「6枚ずつ」を捨てることはできません．

こういうわけで，1回めの天秤測定は，「1枚ずつ」から「6枚ずつ」まで6つのケースがあるのですが，はて，この中でいちばん多くの情報量を提供してくれるのはどのケースでしょうか．これを判断するためには，6つのケースのエントロピーを比較してみればよさそうです．

エントロピーの計算は，わけもありません．式(2.10)を使って計算すればいいだけです．たとえば，両方の皿に1枚ずつのコインを乗せたケースⅠ(表2.5)なら，35ページの表2.1に準備しておいた$\log_2 1/p$などの数表を利用して

表2.5 エントロピーの計算

ケース	乗せ方			生起確率			エントロピー
	左皿	右皿	乗せない	左下り p_1	右下り p_2	水平 p_3	Hビット
I	1	1	10	1/12	1/12	10/12	0.816
II	2	2	8	2/12	2/12	8/12	1.251
III	3	3	6	3/12	3/12	6/12	1.500
IV	4	4	4	4/12	4/12	4/12	1.584
V	5	5	2	5/12	5/12	2/12	1.483
VI	6	6	0	6/12	6/12	0	1.000

$$H = \frac{1}{12}\log_2\frac{12}{1} + \frac{1}{12}\log_2\frac{12}{1} + \frac{10}{12}\log_2\frac{12}{10}$$

$$= 0.2986 + 0.2986 + 0.2191$$

$$\fallingdotseq 0.816 \text{ビット} \tag{2.37}$$

というぐあいです．こうして求めた各ケースごとのエントロピーを表2.5の右端に書き並べてあります．

見てください．いろいろな乗せ方のうち，左と右の皿に4枚ずつのコインを乗せ，残りの4枚は乗せないでおく測定法が，もっとも大きな情報量をもたらしてくれて，それは1.584ビットなのです．

もともと私たちのパズルは，12枚のうちの1枚を特定するとともに，重すぎか軽すぎかを判定することでしたから，それに必要な情報量は24ケースから1つを選ぶための

    ┌── 電卓または数表から
    ↓
$$\log_2 24 = 3.32 \times 1.380 \fallingdotseq 4.582 \text{ ビット} \tag{2.38}$$

なのでした．そして，3回の天秤測定が許されていますから，1回の測定ごとに

$$4.582/3 = 1.527 \text{ ビット} \tag{2.39}$$

以上の情報を稼ぐ必要があります．もういちど表2.5を見てください．この要求を満たすコインの乗せ方は(4:4:4)しかありません．そして，この乗せ方による天秤測定を独立に3回行なえば，に・せ・金を特定するとともに，軽重を判定できるにちがいありません．

こうして私たちは，このパズルは解けるということと，そのための天秤測定法は(4:4:4)の乗せ方に拠ればいいことを知りました．まさに，エントロピーさまさまですね．

もっとも，12枚のコインをどのように組み合わせて3回の天秤測定を行なうかという具体的な手順を作るには，情報数学だけでは不十分で，組合せ論的な思考が必要です．そこへ深入りするのはこの本の趣旨に背きますので，思考過程は別の本に譲ることにして，でき上がった手順を表2.6に例示しておきました．

この表の使い方は，つぎのとおりです．まず，上半分の手順表にしたがって天秤測定をしてください．つまり，1回めには，①②③④のコインを脇におき，右の皿には⑤⑥⑦⑧を，左の皿には⑨⑩⑪⑫を乗せて天秤の傾きを記録します．つぎに，2回めには，①⑤⑥⑦を控えにまわし，右の皿には④⑧⑪⑫を……というように，手順表どおりにコインを乗せながら，3回ぶんの天秤の傾きを記録するのです．

つぎに，この記録と表2.6の下半分の判定表と照合して，判定を下してください．たとえば，1回めは天秤が釣り合い，2回めは右下り，3回めは左下りであったとしたら，・・＼／が縦に並んでいるところを探してください．そこは④Hですから，④のコインがH（重すぎ）であることが，たちどころに判明します．

表 2.6 12枚の中からにせ金を摘発する虎の巻

(1) 手順表 { 右　右へ乗せる / ○　乗せない / 左　左へ乗せる }

コイン番号	①	②	③	④	⑤	⑥	⑦	⑧	⑨	⑩	⑪	⑫
1回め	○	○	○	○	右	右	右	右	左	左	左	左
2回め	○	左	左	右	○	○	○	右	左	左	右	右
3回め	右	○	右	左	○	右	左	○	左	右	○	右

(2) 判定表 { ＼　右下がり / ・・　釣り合った / ／　左下がり }

	① H L	② H L	③ H L	④ H L	⑤ H L	⑥ H L	⑦ H L	⑧ H L	⑨ H L	⑩ H L	⑪ H L	⑫ H L
1回め	・・	・・	・・	・・	＼／	＼／	＼／	＼／	／＼	／＼	／＼	／＼
2回め	・・	／＼	／＼	＼／	・・	・・	・・	＼／	／＼	／＼	＼／	＼／
3回め	＼／	・・	＼／	／＼	・・	＼／	／＼	・・	／＼	＼／	・・	＼／

それもそのはずです．1回めには重すぎるにせ金④が天秤に乗っていないのだから天秤は釣り合うし，2回めには右の皿に乗っているので右へ傾くし，3回めには左の皿に乗っているので，左へ傾くのは当り前なのです．

ところで，もういちど表2.6の上半分を見てください．1回めも2回めも3回めも，それぞれ独立に，12個のコインが右の皿に4枚，左の皿に4枚，控えに4枚ずつ配分されています．これは，1回ごとのエントロピーが最大になると表2.5が教えてくれた配分法のとおりではありませんか．こうして，エントロピーの値が効果的な情報収集の指針を与えてくれることが立証されました．*

エントロピーの増加が死滅への道

　ものごとをユニークな視点から解説することで知られる辞書があります.[**] たとえば,抽象論については,「具体的な事実から遊離しているため,実際問題の解決には余り役に立たない議論」と,ばっさりです.この辞書によると,エントロピーは「物体の熱力学的状態を表す変数.エントロピーの量が増大すると……(中略)……すべての現象は死滅に近づくと考えられている」とのことです.

　ところが,この本で述べてきたエントロピーは,もっぱら確率的な現象の無秩序さの程度を測る尺度として,情報のエントロピーに活躍してもらったのでした.熱力学のエントロピーと情報のエントロピーの間に,どのような関係があるというのでしょうか.そして,どちらのエントロピーの場合でも,それが増大するとすべての現象が死滅に近づくのでしょうか.それが,そのとおりだから興味がつきないのです.

　たとえばの話,高温の物体と低温の物体をくっつけると,熱いほうから冷たいほうへいっぽう的に熱が流れます.その逆は決して起

---

[*]　3回の天秤測定では12枚まで,4回なら39枚まで,一般に k 回なら $(3^k-3)/2$ 枚までのコインの中から1枚のにせ金が特定できるとともに,その軽重も判定できます.その理由と判定表の作り方については,拙著『数理パズルのはなし』(日科技連出版社)をごらんください.なお,この本には,1回めに4枚ずつ,2回めに3枚ずつ,3回めは1枚ずつの天秤測定で12枚から1枚を特定する方法も書いてありますが,その場合には,1回めの情報を2回めに使い,さらにそれらの情報を3回めに使っているので,単純なエントロピー計算はできません.

[**]　『新明解 国語辞典 第七版』,三省堂,2017.

こりません．高温と低温がはっきり分かれた状態は，熱力学的にいっても秩序が保たれているので，エントロピーが小さい状態です．しかし，温度差がなくなれば，ごちゃまぜで秩序が失われていますから，エントロピーは大きい状態です．

このように，エントロピーは増大する方向にだけ移行し，減少の方向に移行することはありません．そして，高温部と低温部がはっきり分離されてエントロピーが小さい状態なら，それを利用してエンジンを動かすこともできますが，エントロピーが大きくなってしまうと，なんの役にも立ちません．

いっぽう，情報のほうも事情は同じです．碁に使う黒石と白石を2つの山に分けて隣り合わせに山積みしてあると思ってください．この山を長く放置しておくと，地震の振動で崩れたり，猫に蹴散らされたりして，だんだん黒石と白石が混ざっていくでしょう．混ざっていけば，黒石と白石の位置が確率的に不確かになりますから，エントロピーは増大します．これに対して，混ざった石が自然に分離されてエントロピーが減少することはあり得ません．

すなわち，熱力学的にも，情報工学の立場からも，すべての現象はエントロピーが増大する方向にだけ移行します．これを**エントロピー増大の法則**といい，自然現象を司る法則と考えられています．

そして，熱力学の例で温度差が消滅してエントロピーが増大すると実用上の役に立たなくなると同様に，碁石も黒と白に分けてあればすぐ対局に使えるのに，混ざり合ってエントロピーが増大すると，そのままでは使えなくなります．したがって，エントロピー増大の法則はまた，自然の流れのまま放置すれば役立たずの方向にのみ，つまり，死滅の方向にのみ移行するという法則でもあります．

このように,情報のほうにも熱力学と同様な性質があるので,熱力学で使われていたエントロピーという用語が,情報工学の世界にも移入された,というわけです.[*]

私たちの身の回りを見てください.熱の移動や碁石の混り合いばかりでなく,放置すればあらゆるものから秩序が失われていくことが観察できるでしょう.空家を放置すれば屋根や雨戸がこわれて家中が乱雑になっていくし,鉄道を放置すればレールは赤く錆ついて雑草に埋もれてしまう,というようにエントロピーが増大していきます.

ところが,エントロピー増大の法則に敢然と立ち向かっている勇者がいます.私たちの社会活動や生命現象です.

私たちは,世界中に散らばっている鉄鉱石を集め,そこから鉄を抽出し,鉄を整形して規則正しく配置し,鉄道や建造物を作ります.私たちの役に立つようにです.これが,エントロピー増大の法則に対する反抗でなくて,なんでしょう.

考えてみれば,私たちの日常生活はエントロピー増大の法則との戦いの連続です.起床すると直ちに,就寝中にすっかりエントロピーが増大してしまった髪をとかし,肌を整え,お湯を沸かし,朝食を揃え……どのひとつをとってみても,エントロピーを減少させるための行為であることに気がつきます.

社会におけるもろもろの活動だってそうです.日本の国土に詰め込まれた1億数千万人の男女と,約4百万頭の牛と,約8千万台の

---

[*] 熱力学のエントロピーは $S = k\sum p_i \log 1/p_i$ の形で表わされます.これは情報のエントロピーの式(2.10)と同形ではありませんか.

自動車と約 8 千万 kWH の電力と，100 兆円を超す流通貨幣と，それから，とても書ききれないほど多種多様な生き物や物質が，なんの秩序もなく存在し，勝手に動き回っている様を想像してみてください．自分自身がどうなってしまうかさえ見当もつかなくなります．

これに対抗して，多くの規範を作り，制度を整え，教育するなど，たいへんな努力を重ねて，私たちひとりひとりが安らかで楽しい日々を送れるような秩序を作り出しているのです．これらの努力のすべては，エントロピーを減少させるために費やされているといっても過言ではありません．もっとも，ごく少数とはいえ，規範に逆らってエントロピーを増加させる不心得者がいるのは，困ったことですが……．

私たちの日常生活や社会活動は，エントロピー増大の法則に対する反抗だと書いてきました．これは，ヒトばかりの特異現象ではありません．多かれ少なかれ，生命あるものはエントロピーを減らす努力をしています．ボスを中心にして秩序ある行動をする動物は少なくないし，鳥などが小枝などを組み合わせて巣を作るのもアンチ・エントロピー的な行為ですし，森の植物は，日照を争って弱者を淘汰し種属を守るというようなエントロピー減少への努力をつづけています．そしてこれが，生命の営みを特徴づける特質です．

それもそのはず，生命の誕生そのものがエントロピー減少を絵に描いたような振る舞いなのです．どうしてかというと……

動植物の細胞の主成分はタンパク質です．したがって，タンパク質は生命の根源です．そのタンパク質は，小さいものでも 100 個くらいのアミノ酸が連なってできています．そして，アミノ酸には約 20 個くらいの異なった種類があります．20 種類のアミノ酸を 100

個並べる順列は

$$20^{100} \text{とおり}$$

という，べらぼうな値です．全宇宙に存在する原子の数でさえ，足もとにも及ばないくらい大きな値です．それほどぼう大な組合せがある中で，タンパク質になる配列の種類はごく僅かです．だから，たくさんのアミノ酸を混ぜ合わせても偶然にタンパク質が生まれる確率はゼロに近いのです．つまり，タンパク質は驚くべき秩序を持った物質であるといえるでしょう．

それなのに，生命の中ではこのタンパク質がどんどん作り出されていくのです．これがエントロピー増大の法則に対する反逆でなくて，なんでしょうか．

そして，生命の中の秩序になんらかの異変が起こって，エントロピー増大という当り前の現象が始まると，死を迎えます．その後はエントロピーの増大が目に見える形で急速に腐敗がすすみ，やがて，すべての秩序を失って自然の中に埋没してしまう，というわけです．

この本の書き出しの2ページで，「情報」という概念を「秩序」に近い感覚でとらえれば，美とか生命など有形無形のすべての現象が「情報」で説明できるのではないか……と書いたことがありましたが，それは，上記のような考察に基づくものでした．

第3章

情報を演算する
――*0* と *1* の世界――

IT の標準語は *0* と *1*

「はじめに言葉ありき」という金言は，新約聖書の「ヨハネによる福音書」冒頭の「はじめに言葉があり，言葉は神とともにあり，言葉は神であった．この方は初めに神とともにいた．すべてのものは彼をとおして存在するようになり，彼を離れて存在するようになったものは一つもない．」[*] から抜粋されたものでしょう．

日本語でも，言葉の古語である「コト」は，「言葉」と「事」の両方を同時に意味していたそうですから，言葉と概念とは一体であり，言葉で表わされなければ概念は存在せず，概念がなければ，それを表現する言葉も存在しないということだと思います．

こうして人類は，たくさんの言葉と概念を発達・成熟させ，他の

---

[*] WATCHTOWER BIBLE AND TRACT SOCIETY OF NEW YORK, INC. 発行の *BIBLE*（日本語版）によりました．

個体と言葉を通じて情報を交換し，高度な社会を作り上げてきました．この場合，言葉はもちろん言語が中心ですが，身ぶりや手ぶりも，ときとして有用な言葉になったりもします．

そのとき，日常的に使われる言語が国によって異なるところが問題で，私など，英語くらい自由に喋れなければ国際人とはいえないよと言われて，小さくなっています．身ぶり手ぶりのほうも，油断がなりません．日本では，手の第2指を人差し指と名付けて，文字どおりに人を指差しながら話をすることも少なくありませんが，国や民族によっては，たちまち喧嘩になるくらい無礼な行為とみなされたりします．世界中の言葉が統一されていないのは厄介なことですね．

これに対して，ITの世界では言葉が統一されているので，おお助かりです．なにしろ文字が

   1 と *0*

しかないのですから，さっぱりしたものです．

もちろん，私たちがパソコンなどの情報機器を使うときには，キーボードを叩いたり，マウスをクリックしたり，FAXのボタンを押したりと，*1*と*0*以外の文字を使って機器と会話をしなければなりません．その煩わしさが情報弱者を生む一因となっています．

正直なところ，現在のパソコンは，起動させたり止めたりするにもなん段階かの手順を必要としたり，電源がやけに重いなど，製品あるいは商品として未成熟だと感じています．たぶん，成熟の度合が増すにつれて，誰にとっても容易なものになっていくと期待していいでしょう．

このように，一般市民と情報機器との会話には，今後とも一般市

第3章 情報を演算する

民が日常的に使い慣れたコトバが使用されるでしょう．決して，1 と 0 だけで会話するわけではありません．それにもかかわらず，「IT の世界は 1 と 0 だけ」と書き出したのは，一般の方々にとってはブラック・ボックスとみなされがちな情報機器の中で，論理や数値がどのように記憶・演算・伝達されているかを，「情報数学」の立場から見ていきたいと考えているからです．

IT の主役は，第1章でも触れたようにコンピュータと通信網です．そして，これらの中では，すべての情報が 1 と 0 で記憶され，演算され，伝送されています．13 ページでも触れましたが，

　　　A　は　　*01000001*
　　　％　は　　*00100101*

と記憶されるようにです．そして，1 と 0 は，コンピュータの内部では，素子が

　　　1　活性化した状態（電圧や電流や磁気がある状態）
　　　0　鎮静化した状態（電圧や電流や磁気がない状態）

として具現化されています．また，伝送する場合には

　　　1　パルスがある
　　　0　パルスがない

として識別されると思ってください．

なぜ，1 と 0 だけなのでしょうか．半分だけ活性化した 0.5 の状態とか，2倍あるいは3倍も活性化した 2 や 3 の状態も技術的には作れないことはありませんし，また，それを読みとることも可能でしょう．しかし，そのように半端なことをしたら，ややこしくて故障しやすく，高価なコンピュータになってしまいそうなので，単純に 1 と 0 だけを使っているわけです．そのうえ，1 と 0 だけで十分

IT社会はボキャ貧？
0と1だけが頼りだから？

なのです．たった2文字だけでは「ボキャ貧」に陥るのではないかとの心配もいりません．その理由を順に見ていきましょう．

十進法と二進法

　私たちの手の指は，10本あります．これが不幸の始まりでした．指を折りながら数をかぞえるところからスタートして，十進法を人類の社会に定着させてしまったからです．例外的には

　　60秒が1分，60分が1時間

　　12個が1ダース，12ダースが1グロス

や，いくつかの通貨のように部分的には十進法ではないものもありますが，大きいほうにも小さいほうにも，限りなく10ごとに1桁上

第3章 情報を演算する

がったり下がったりするのは，十進法だけです．私たちは，すっかり十進法に飼い馴らされてしまったので，十進法だけしか使えなくなっています．しかし，*1* と *0* だけで記憶し，演算し，会話しているIT の世界を知るためには，それでは不十分です．そこで，この章では，二進法を使った演算に付き合っていただくはめになります．

十進法では，0 から 9 までの 10 種類の数字があります．で，0 から 1 つずつ数を増していくと，0，1，2，…，8，9 と進んだところで数字が種切れになり，やむを得ませんから，ひと桁上の位置（そこには 0 が隠れていると思っていただいても結構です）に 1 が繰り上がります．このように，10 個の数字が一巡するごとに 1 桁だけ進むので，**十進法**というわけです．

これに対して，数字が *0* と *1* の 2 個しかなければ，どうなるでしょうか．まず，*0* が来ます．そこに *1* を加えると，*0* が *1* に直ります．さらに *1* を加えると，数字が種切れになるので，ひと桁上の位置に *1* が繰り上がります．つまり，*1* を加えるごとに

  0 → 1 → 10

と成長し，さらに *1* を加えれば *11* になるはずです．そこへ，また *1* を加えれば，もうひとつ上の桁に *1* が繰り上がりますから，1 つずつ加えたときの数字の成長を十進法と対比して書くと

  二進法 *0 → 1 → 10 → 11 → 100 →*

  十進法 0 1 2 3 4

のようになることが理解できます．数字が *0* と *1* の 2 個しかなければ，2 個の数字が一巡するごとに 1 桁だけ進むので，**二進法**と呼ばれているのです．

このような二進法の数字を，ふつうの十進法の数字と並べて表

表 3.1 十進法と二進法

十進法	二進法	十進法	二進法
0	*0*	10	*1010*
1	*1*	11	*1011*
2	*10*	12	*1100*
3	*11*	13	*1101*
4	*100*	14	*1110*
5	*101*	15	*1111*
6	*110*	20	*10100*
7	*111*	50	*110010*
8	*1000*	100	*1100100*
9	*1001*	1000	*1111101000*

3.1 にしてあります．イタリック(斜体)の数字が，二進法による表記です．二進法の数字は，大きな値になるにつれて桁数が多くなり，*0* と *1* が長く連なります．2文字しかないので止むを得ないでしょう．

さて，10本指のせいで十進法にしか馴染んでいない私たちとしては，二進法と十進法の換算の仕方を知っておく必要がありそうです．たとえば

  10110 を 十進法で表わすと？

  10110.1 を 十進法で表わすと？

そして，反対に

  365 を 二進法で表わすと？

  365.4 を 二進法で表わすと？

などなどが自在にできるようでないと，IT時代のエリートとは威

第3章 情報を演算する

張れないでしょう．

これらの換算法を知るためには，十進法の構造を観察するのが早道です．たとえば，365 という数値は

$$365 = (3 \times 10^2) + (6 \times 10^1) + (5 \times 10^0) \tag{3.1}$$

です．そして，365.4 は

$$365.4 = (3 \times 10^2) + (6 \times 10^1) + (5 \times 10^0) + (4 \times 10^{-1}) \tag{3.2}$$

となっています．

この真似をして二進法の構造を書けば，*10110* の場合は

$$10110 = (1 \times 2^4) + (0 \times 2^3) + (1 \times 2^2) + (1 \times 2^1) + (0 \times 2^0) \tag{3.3}$$

です．したがって，*10110* を十進法の値に換算すると

$$\begin{aligned} &= (1 \times 16) + (0 \times 8) + (1 \times 4) + (1 \times 2) + (0 \times 1) \\ &= 16 + 0 + 4 + 2 + 0 = 22 \end{aligned} \tag{3.4}$$

となることが判明します．さらに，*10110.1* は

$$10110.1 = (1 \times 2^4) + (0 \times 2^3) + (1 \times 2^2) + (1 \times 2^1) + (0 \times 2^0) + (1 \times 2^{-1})$$

ここで，$2^{-1} = 1/2 = 0.5$ ですから

$$= 16 + 0 + 4 + 2 + 0 + 0.5 = 22.5 \tag{3.5}$$

というぐあいに，容易に換算することができます．

ちょっと厄介なのは，十進法の数字を二進法に換算するほうです．式(3.4)や式(3.5)を逆に辿る必要があるからです．十進法の 365 を二進法に換算する道筋を辿ってみましょう．

まず，365 の中に含まれ得る 2^k（k は正の整数）の最大値を調べてください．2^8 が 256 ですから

365 の過半数は，$2^8 = 256$ が占め，残りは 109

です．つぎに，この 109 の中に含まれる 2^k の最大値を探すと

109 の過半数は，$2^6=64$ が占め，残りは 45

です．以下，同様に 2^h の最大値を差し引いていくと

45 の過半数は，$2^5=32$ が占め，残りは 13

13 の過半数は，$2^3=8$ が占め，残りは 5

5 の過半数は，$2^2=4$ が占め，残りは 1

1 のすべては，$2^0=1$ が占め，残りは 0

したがって，365 は

2^8, 2^6, 2^5, 2^3, 2^2, 2^0

の合計で成り立っていることがわかりました．そうすると，365 の二進法表示は，式(3.3)の真似をすれば

$$365=(1\times2^8)+(0\times2^7)+(1\times2^6)+(1\times2^5)+(0\times2^4)$$
$$+(1\times2^3)+(1\times2^2)+(0\times2^1)+(1\times2^0)=\mathit{101101101}$$
(3.6)

と書けばいいはずです．

念のために，コンマ以下の端数がついている例として，十進法の 5.375 を二進法に換算してみましょう．

5.375 の過半数を，$2^2=4$ が占め，残りは 1.375

1.375 の過半数を，$2^0=1$ が占め，残りは 0.375

0.375 の過半数を，$2^{-2}=0.25$ が占め，残りは 0.125

0.125 のすべてを，$2^{-3}=0.125$ が占め，残りは 0

ですから，5.375 は

2^2, 2^0, 2^{-2}, 2^{-3}

の合計で成り立っています．だから，5.375 の二進法表示は

$$(1\times2^2)+(0\times2^1)+(1\times2^0)+(0\times2^{-1})+(1\times2^{-2})+(1\times2^{-3})$$
$$=\mathit{101.011}$$
(3.7)

ということになります．

このように，十進法と二進法の換算の話がすいすいと進んできましたが，実をいうと，いつもうまくいくとは限らないのです．

たとえば，十進法の0.1を二進法に換算してみてください．

　0.1の過半数を，$2^{-4}=0.0625$が占め，残りは0.0375

　0.0375の過半数を，$2^{-5}=0.03125$が占め，残りは0.00625

　0.00625の過半数を，$2^{-8}\fallingdotseq 0.00391$が占め，残りは約0.00234

と，いつまで経っても残りがゼロとはなりません．だから，二進法で書いても

$$0.0001100110011\cdots\cdots \quad (3.8)$$

と限りなくつづいてしまいます．

なぜ，十進法では0.1というように区切りのいい値が，二進法では切りの悪い数列になってしまうのでしょうか．犯人は，$10=5\times 2$の中に潜む5です．5が2で割り切れないため，話がややこしくなってしまうのです．もし，筑波山の麓に住むといい伝えられる四六のガマのように，人間の手の指が4本であったなら，人間社会には2進法と相性がよい8進法が普及し，IT社会もいっそう活気に満ちていたのに，と悔やまれます．

〔**クイズ**〕　0と1と2による三進法で，10212と表示されている値は，十進法ではいくつでしょうか．答は脚注にあります．*

---

*　〔クイズの答〕
$$10212(三進法)=(1\times 3^4)+(0\times 3^3)+(2\times 3^2)+(1\times 3^1)$$
$$+(2\times 3^0)=81+0+18+3+2=104$$
この考え方をのみ込めば，なん進法でも自在に扱えます．

8進法がITむき

二進法の加減乗除

あまりにも昔のことなので思い出せないのですが,幼稚園から小学校にかけて,どのように足し算を習い覚えたのでしたっけ?

掛け算のほうは,「イン1が1,イン2が2」から始まって「クク81」までの九九表を,繰り返し,繰り返し暗唱して覚えましたから,足し算についても,「1たす1は2,1たす2は3,……」というように,暗唱して覚えたのかな? 1桁ずつの足し算でも81種類も覚えるのですから,けっこう,たいへんだったのかもしれません.

それに較べれば,二進法の足し算のほうは,らくなものです.なにしろ,0と1しかないのですから

第3章 情報を演算する

$$
\begin{aligned}
&0+0=0 \quad (1)\\
&0+1=1 \quad (2)\\
&1+0=1 \quad (3)\\
&1+1=10 \quad (4)
\end{aligned}
\quad\quad (3.9)
$$

だけを覚えればすみます．このうち，(1)〜(3)は十進法のときと同じなので，(4)に気をつければ十分です．あとは，桁の繰り上がりのところが要注意です．一例を見てください．

$$
\begin{array}{r}
1001 \quad (9)\\
+\ \ 110 \quad (6)\\
\hline
1111 \quad (15)
\end{array}
\quad
\begin{array}{l}
(\ \ )の中は十進法\\
以下，同じ．
\end{array}
\quad (3.10)
$$

これは，どこにも桁の繰り上がりがありませんから，どこにも迷うところがありません．つぎは，そうはいきません．桁の繰り上がりに注意しながら，足し算の筋道を追ってください．

$$
\begin{array}{r}
1111 \quad (15)\\
+\ \ \ 101 \quad (5)\\
\hline
10100 \quad (20)
\end{array}
\quad (3.11)
$$

まず1桁め．*1* と *1* を加えると *10* になって，さっそく2桁めに *1* が繰り上がります．2桁めには1個の *1* がありますから，繰り上がってきた *1* が加わって *10* になり，*0* は合計の2桁めに書かれ，*1* が3桁めに繰り上がります．3桁めにはすでに2個の *1* がありますから，繰り上がってきた *1* を含めて3個の *1* が集まってしまいました．そのうちの1個は合計の3桁めに書かれ，あとの2個の *1* が合計されて *10* となり，*1* が4桁めに繰り上がります．この *1* は4桁めに待っていた *1* と合計されて *10* となり，それが合計の4桁めと5桁めに書かれて式(3.11)が完成……という次第です．

つぎは，引き算です．演算のルールは

$$
\begin{aligned}
0-0 &= 0 \quad &(1)\\
1-1 &= 0 \quad &(2)\\
1-0 &= 1 \quad &(3)\\
10-1 &= 1 \quad &(4)
\end{aligned}
\quad (3.12)
$$

です．この式は，式(3.9)の左辺第2項を右辺に移項したうえで，左辺と右辺を入れ換えたものですから，式(3.9)と同じものにすぎません．

引き算では，数が足りなければ上の桁の 1 を借りてくるところは十進法の引き算と同じですが，借りてきた 1 が下の桁ではたった2個の 1 にしかなりません．実例を，どうぞ．

$$
\begin{array}{r}
1\,0\,0\,0 \quad (8)\\
-\quad 1\,1 \quad (3)\\
\hline
1\,0\,1 \quad (5)
\end{array}
\quad (3.13)
$$

1桁めの 0 から 1 を引くのですから，数が足りなくて引けません．上の桁から数を借りたいのですが，2桁めも3桁めも 0 ですから，4桁めの 1 を借りることになります．この 1 は3桁めでは2個の 1 に相当しますから，その中の1個を3桁めに置き，もう1個を2桁めに下げ渡しましょう．2桁めに下げ渡された 1 は2桁めでは2個の 1 に化けますから，その中の1個は2桁めに留め置き，1個を1桁めに渡します．この1個の 1 は，1桁めでは2個の 1 に変身します．こうして，4桁めにあった 1 は

$$
\begin{cases}
\text{3桁めと2桁めに1個ずつの } 1\\
\text{1桁めに2個の } 1
\end{cases}
$$

に両替えされたことになります．式(3.13)では，ここから3桁めと

1桁めから *1* を引くのですから，*101* という答になります．

つづいて，掛け算に移りましょう．演算のルールは

$$
\begin{aligned}
&0\times0=0 \quad &(1)\\
&0\times1=0 \quad &(2)\\
&1\times0=0 \quad &(3)\\
&1\times1=1 \quad &(4)
\end{aligned}
\right\} \quad (3.14)
$$

です．式(3.9)のときも同様でしたが，(2)が成り立つなら(3)も成り立つに決まっているから，両方を併記するのはムダ……などと言いっこなしです．確かに，ふつうの数値では

$$A\times B = B\times A \quad (3.15)$$

ですが，どのような演算でもこのルール(交換法則という)が成り立つとは限りません．その証拠に，ベクトルや行列どうしの掛け算では，順序によって答が異なります．服を脱いでから風呂に入るのと，風呂に入ってから服を脱ぐのとが，おお違いのようにです．だから，新しい概念の演算ルールでは，両方を記述する必要があります．

本論に戻って，二進法の掛け算の実例を見ていただきましょう．

$$
\begin{array}{r}
1010 \quad (10)\\
\times \quad 101 \quad (5)\\
\hline
1010 \\
0000 \\
1010 \\
\hline
110010 \quad (50)
\end{array} \quad (3.16)
$$

ごらんのとおり，少しもむずかしくありません．運算の途中で足し算の繰り上げに，ちょっと気を遣っただけです．

最後は，割り算です．途中で出会う引き算に少しばかり神経を使いますが，あとはふつうの割り算と同じです．十進法で，20を6で割れば「3と，余り2」になる割り算を，二進法で演算すると，つぎのとおりです．

$$
(6)\quad 110 \overline{\smash{)}\,10100} \quad (20)
$$

```
              1 1
   (6)  1 1 0 ) 1 0 1 0 0   (20)
                1 1 0
                1 0 0 0
                  1 1 0
                   1 0   (2) ……余り
```
(3.17)

以上，実地に見聞していただいたように，私たちが十進法で行なっている数値の加減乗除が，二進法に変換しさえすれば 0 と 1 しか使わないコンピュータの中でも，なんの苦もなく実行できることがわかりました．

そればかりでは，ありません．平方や立方に開くとか，微分や積分をするなどの演算も，コンピュータは 0 と 1 の加減乗除だけを使って，素早く，必要な精度での計算をやってのけます．そのうえ，さらに……と，つぎの節へつづきます．

論理の筋道も 0 と 1 で

ちょっと怪しげな占い師から「あなたは，恋人か親友を失うか，あるいは，めでたく恋を成就させるでしょう」という予言をもらったと思ってください．はて，この予言は当たるでしょうか．外れるでしょうか．自分自身のこととして考えてもらっても結構ですが，

一般論として論理的に考えていただくほうが，もっと結構です．

　考えているうちに，だんだん前頭葉のあたりが熱を帯びてきて，思考が混乱してきます．だから，いつも冷静なコンピュータに判断を任せようと思います．そのためには，きちんとした約束ごとを決めなければなりません．

　まず，主語と述語があって，その真偽が明瞭に判定できるものを命題と呼びましょう．

　　　　2018年1月1日は月曜日である　（真）
　　　　$3 \times 2 = 6$　（真）
　　　　太陽は東に沈む　（偽）

などは命題ですし

　　　　私は男である

は，「私」を特定した場合に限って真偽が明らかなので，命題となります．これに対して

　　　　わあ，嬉しい

　　　　君は，だれですか

　　　　おれのハートは燃えている

などは，命題とはみなしません．「おれのハートは……」は，文学的には真かもしれないけれど，物理学的には偽であり，判定がつかないので，命題からは除外しておくほうが無難です．

　つぎに，命題を文章に書くと，長いし字画も多く煩わしいので，それらを p，q，r などの文字で表わしましょう．たとえば

　　　　「兄は女である」　を　p

　　　　「弟は男である」　を　q

と約束しましょう．そして，真は 1，偽は 0 で表わしましょう．そ

うすると，この例では

$$p=0$$
$$q=1 \qquad (3.18)$$

です．また，*0* と *1* が出てきたぞ……．

つづいて，この2つの命題を元に，新しい命題を4種類作ります．これを複合命題または合成命題といいます．

  「兄は女」であり，かつ「弟は男」 $p \wedge q$ と書く

  「兄は女」か，または「弟は男」 $p \vee q$ と書く

  「兄は女」ではない $\overline{p}$ と書く

  「兄が女」であれば「弟は男」 $p \Rightarrow q$ と書く

さて，式(3.18)のように，$p=0$, $q=1$ であるとき，この4つの複合命題の値は，*0* でしょうか，それとも *1* でしょうか．

それは，落ち着いてよく考えてみればわかります．「兄は女であり，かつ，弟は男」については，「兄は女」と「弟は男」が両方とも真でなければ正しいとは言えないのに，「兄は女」は偽なのだから，全体としても偽．つまり，$p \wedge q = 0$，というようにです．同じように，$p=0$ で，$q=0$ の場合とか，それ以外の場合についても丹念に調べていけば，すべての組合せの複合命題について，

表3.2　各種の真理表

p	q	$p \wedge q$
1	*1*	*1*
1	*0*	*0*
0	*1*	*0*
0	*0*	*0*

p	q	$p \vee q$
1	*1*	*1*
1	*0*	*1*
0	*1*	*1*
0	*0*	*0*

p	$\overline{p}$
1	*0*
0	*1*

p	q	$p \Rightarrow q$
1	*1*	*1*
1	*0*	*0*
0	*1*	*1*
0	*0*	*1*

第3章 情報を演算する

その真偽が確かめられるはずです．こうして，p と q の真偽によって複合命題の真偽がどのように変わるかを一覧表にしたのが，表3.2です．このような表は，**真理表**と呼ばれています．*

ところで，$p \wedge q$ の真理表の値を見ていただくと

$$
\left.\begin{array}{ll}
1 \wedge 1 = 1 & (4) \\
1 \wedge 0 = 0 & (3) \\
0 \wedge 1 = 0 & (2) \\
0 \wedge 0 = 0 & (1)
\end{array}\right\} (3.14) もどき
$$

となっていて，これは，二進法の掛け算の演算ルール(65ページ)とそっくりではありませんか．だから，$\wedge$（……であり，かつ……）で結ばれた複合命題を**論理積**と言ったりもします．

これに対して，$p \vee q$ の真理表のほうは

$$
\left.\begin{array}{ll}
1 \vee 1 = 1 & (4)もどき \\
1 \vee 0 = 1 & (3) \\
0 \vee 1 = 1 & (2) \\
0 \vee 0 = 0 & (1)
\end{array}\right\} (3.9) もどき
$$

となっていて，これは，二進法の足し算のルール(63ページ)と(4)もどき以外は，そっくりです．(4)もどきについて言えば，二進法についての式(3.9)のときには，桁の繰り上がりができたので 10 と

---

* $p \Rightarrow q$（p ならば q）の意味は，まず，p という仮定があって，その仮定が成立すれば q という結論がある．つまり，p であるのに q でないことはない，と主張しているのですから，結局「p であり，かつ，q ではない，ということはない」に帰着します．すなわち

   $p \Rightarrow q$ は $\overline{p \wedge \overline{q}}$

   として，$p \Rightarrow q$ の真理表は作られています．

なっていたところ，こんどは繰り上がりができないので，1に留まっているだけの話です．だから，式(3.9)もどきは式(3.9)と同じとみなして，∨(または)で結ばれた複合命題を**論理和**と呼んだりします．

では，「あなたは，恋人か親友を失うか，あるいは，めでたく恋を成就させるでしょう」に戻ります．そして

　　　あなたは恋人を失う　　を　p

　　　あなたは親友を失う　　を　q

と置きましょう．また，「めでたく恋を成就する」は，修飾を取り除けば「恋人を失わない」ですから

　　　あなたは恋を成就する　　は　$\overline{p}$

です．したがって，予言の全体は

$$(p \vee q) \vee \overline{p} \tag{3.19}$$

となっているわけです．

さて，この複合命題の真偽は，pやqの真偽につれて，どのように変化するでしょうか．表3.2を片目で見ながら演算表を作ってください．表3.3のようになるはずです．

見てください．pが1であろうと0であろうと，また，qが1で

表3.3　トートロジーの演算

p	q	$p \vee q$	$\overline{p}$	$(p \vee q) \vee \overline{p}$
1	*1*	*1*	*0*	*1*
1	*0*	*1*	*0*	*1*
0	*1*	*1*	*1*	*1*
0	*0*	*0*	*1*	*1*

あろうと 0 であろうと，私たちの $(p \vee q) \vee \overline{p}$ は常に 1（真）なのです．だから，この予言は絶対に外れっこありません．

このように，p や q の真偽にかかわらず常に真になるような複合命題は，**恒真命題**あるいは**恒真式**，またはトートロジー(tautology)と名付けられています．占い好きのお嬢さんたちは，このようなトートロジーにはまって，なけなしの小遣いを使っているのじゃないのかなぁ．

この節は，占いの話に終始してしまいましたが，お伝えしたかったのは，占いのテクニックではありません．コンピュータの中でも，複雑な論理の演算を 0 と 1 の組合せで難なく捌けることを例示しようと目論んだのでした．この目論みは，つぎの節へと尾を引きます．

0 と *1* が駆け巡る

論理の計算は 0 と 1 のやりとりですから，コンピュータむきです．その有様を確かめていただきましょう．

図 3.1 に目を移して，いちばん上の左側をごらんください．p の S/W(スイッチ)と q の S/W が両方とも 1 のほうへつながったときだけ，$p \wedge q$ の回路が完成します．したがって，「p and q」という意味で，このような回路を AND 回路といいます．

上から 2 番めの回路では，p か q のどちらかがつながると $p \vee q$ の回路が完成します．だから，これは「p or q」なので，OR 回路と呼ぶのは当然です．

3 番めの回路では，p が 1 にあると回路が切れていて，p が 0 の

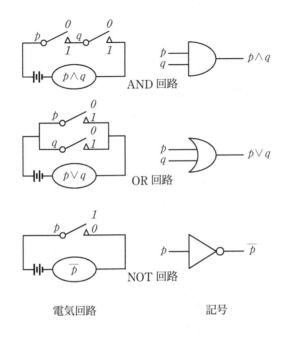

図 3.1 基本的な論理回路

ときに p の回路が完成します．これは，「not p」を意味するので，NOT 回路です．

20 世紀前半に開発された自動計算機では，実際にこのような電気回路を並べ，リレーを操作して計算を行なっていたそうです．しかし，現在のコンピュータでは，このように原始的な電気回路は姿を消し，同じ機能を持つ論理ゲートまたは単にゲートと呼ばれる論理素子に取って代られています．

これらのゲートは，図 3.1 の右側に描いてあるような記号で表示する約束になっています．いちばん上は AND を表わすゲートなの

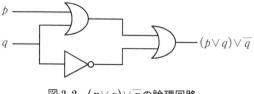

図3.2　$(p \vee q) \vee \overline{p}$の論理回路

でANDゲートと名づけられ，この図では入力がpとqの2つなので，2入力ANDゲートといいますが，入力の線が3本あれば，3入力ゲートです．2番めの記号がORゲート，3番めの記号がNOTゲートであることも，ご推察のとおりです．

では，応用問題として

$$(p \vee q) \vee \overline{p} \tag{3.19}$$

と同じの演算回路を，これらの記号で描いてみていただけませんか．図3.2のように組み上がれば満点です．そして，pとqに1と0をどのように組み合わせて入力しても，出力は必ず1になることは，表3.3で調べたとおりです．

こうしてみると，二進法による数値の計算のときばかりか，論理を演算するに当たっても，コンピュータの中を0と1が駆け巡っていることを実感できるではありませんか．

通信も 0 と 1 とで

コンピュータの中の会話が0と1のやり取りで成り立っていることについて長広舌を弄してきましたが，ここで，視点をITのもういっぽうの旗頭である通信のほうへ移してみましょう．

通信の分野では，いまのところ，デジタル(離散的，0と1と思っていい)とアナログ(連続的)の両方が使われています．かつて，アナログ・コンピュータとデジタル・コンピュータが併用されていたようです．しかし，すでにアナログ放送は終了し，2025年には固定電話でもアナログ回線が終了するようですから，通信の分野がデジタル一色になることも，そう遠くない未来です．その理由は，たくさんあります．

第一には，アナログに較べてはるかに大量の情報を送受信できることです．連続した波の形を送らなければならないアナログ通信に対して，もともと細切れのパルスを使うデジタル通信なら，時間的に分割したり，周期を変えたりして，同時に多数の情報を送る(多重化という)ことが可能なのです．

第二には，デジタル通信のほうがコンピュータとの相性がはるかに良いからです．デジタル通信ならコンピュータが打ち出す0と1の信号をそのまま受け入れられるし，また，通信網を伝わってきた0と1の信号をそのままコンピュータに送り込めるのですから，ムダな作業がありません．だから，この組合せがIT革命の誘因のひとつであることは，4ページで述べたとおりです．

第三には，デジタル通信なら，通信の入口や出口，必要があれば途中においても，データをいったん蓄えて，いろいろな加工を施すことが可能なことです．それを利用して，通信量の制御，情報の品質の維持などができるところが魅力的です．

このような魅力のうち，感覚的にわかりやすい品質維持の実例を，たった1つだけですが，見ていただこうと思います．

私たちの日常的な会話では，人の声や車の音など，いろいろな雑

音(ノイズ)に耐えながら情報を交換しなければなりません．IT 社会の通信でも同様です．私たちが生きている空間には宇宙線がとび交っているし，導線の中では電子が動き回っていたりしますから，通信の途中では多かれ少なかれノイズの影響は免れず，音や画像の品質の低下や信号の誤りを皆無にすることはできません．せめて，その影響を最少限に喰いとめたいものです．

こういう要求に対して，アナログ通信では，外部と遮断してノイズを減らすというような消極的な対策しかないのですが，デジタル通信では，もっと積極的なノイズ排除法が採れるので嬉しくなってしまいます．数あるノイズ対策の中から，視覚的に納得しやすい例をご紹介しましょう．

図3.3をごらんください．通信したいと思っているもとの情報にノイズが加わったときの様子を，アナログ通信とデジタル通信の場合に分けて，概念図を描いたものです．

アナログ通信の場合には，もとの情報にひとたびノイズが加わる

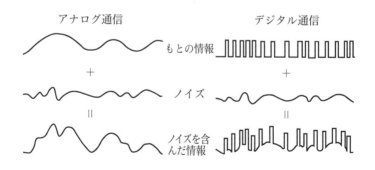

図3.3　雑音が混ざっても，なんのその

と，情報の部分とノイズの部分とが一体になってしまい，情報の部分だけを識別して分離する方法がありません．まったく，お手上げです．

いっぽう，デジタル通信では，*1* と *0* の行列のうち，*1* が存在する位置だけにパルスが立ち上がっていますから，それにアナログ的なノイズが加わっても，依然としてパルスの位置が弁別できます．したがって，中継点で改めて正しい位置にパルスを打ち出せば，まったくノイズを含まないきれいな信号が送り出せるのです．

実は，高等動物の神経の中でも，デジタル通信の利点が十分に生かされているのだそうです．神経を伝わる情報はすべて微弱な電圧のパルスなのですが，そのパルスは，一挙に神経を走り抜けるのではありません．つぎつぎに中継されながら，そのたびに，ノイズを含まないきれいなパルスが打ち出され，正確な情報が末端から脳へ，そして，脳から末端へ伝達されているというのです．IT 顔負けですね．

第 **4** 章

言語の情報数学
―― 計量言語学を覗く ――

なくて七癖

　いま，世界中には約5,000もの言語があるそうです．そして，その半分くらいがほとんど使われなくなって，その言語を拠り所としていた文化が消え去ろうとしていると言われています．ITの普及は英語と二人三脚だなどと言われていますから，英語が全世界に普及するにつれて，人類の文化の多様性も減っていくのではないかと心配です．

　それに対抗するわけではありませんが，この章は日本語の問題でスタートします．なぜ『情報数学のはなし』に国語が割り込むのかについては，あとでお話ししますから，暫く，がまんして付き合っていただきたいと思います．

　まず，次の□の中に片かなを入れて，日本語の単語を完成させてください．

　　問題A　　ア□ガオ，カイ□ヌ

もちろん，答は朝顔と飼犬で，どうということはありません．では，つぎは？

　　問題B　　ハ□シャ，ケイ□ン

こんどは困ってしまいます．前者は，歯医者，薄謝，発車，反射など，後者は，景観，警官，経験，計算など，いくつも思いついて特定できないからです．しつこいようですが，もうひとつ……

　　問題C　　ナ□アギ，ヒト□エ

こんども困ってしまいます．ただし，こんどは当てはまる単語が思いつかないからです．

　問題A，B，Cは，ともに4文字で，□の位置も同じなのに，どうしてこれだけの差異が生じるのでしょうか．それは，ひと言でいえば，日本語に・く・せがあるからです．どのような・く・せかというと，つぎのとおりです．

　日本語は漢字とかなが混ざり合っているという，他の言語にはほとんど類を見ない大きな・く・せがあるのですが，この・く・せは，情報数学ではまことに取り扱いにくい代物なので，ちょっと脇に置きます．そして，日本語をぜんぶ平がな(片かなでもいい)で書き連ねてあるものと考えます．

　そのとき，まず，第一の・く・せは，平がなの使われ方が公平でないことです．「の」などは非常によく使われるのに，「ぬ」などはめったに使われないようにです．

　そして，第二の・く・せは，文字の現われ方が前の文字に引きずられることです．さらには，前の2文字や3文字などに引きずられることも少なくありません．「おかあ」とくれば，ほぼ確実に「さん」とつづくようにです．

このようなくせがもとで，前記の3つの問題に大きな差異ができてしまったのですが，実は，このようなくせは国語に対してばかりではなく，情報数学に対しても重要なテーマを提起してくれます．そのテーマは2つあります．

第一のテーマは，言語のくせが言語の情報量にどのように影響するかということです．32ページあたりの記述からわかるように，文字の出現確率がすべて等しいときに情報の期待値(エントロピー)が最大になり，出現確率にくせがあればエントロピーが減少してしまうのですが，その見返りとして，なにか利点があるのでしょうか．単なる出現確率のくせではなく，出現確率が前の文字に引きずられるようなくせは，どのような利点と欠点をもたらすのでしょうか．このテーマについては，この章で一応の答えを見ていただこうと考えています．

第二のテーマは，つぎのとおりです．前の章で，ITの標準語は 0 と 1 だけであり，コンピュータの中でも通信ネットワークの中でも，すべての情報は 0 と 1 だけで処理されると書きました．しかし，私たち人間は 0 と 1 だけで考えたり喋ったりしているのではなく，人間の言葉を使っています．したがって，私たちがコンピュータと会話するためには，人間の言葉を 0 と 1 に翻訳しなければなりません．いや，AI(人工知能)が人間の言葉で喋ってくれるさ，というのは甘すぎます．それも，結局は人間が仕組んでやらなければならないからです．

そういうわけで，ITでは人間の言葉を 0 と 1 に翻訳する作業がどうしても必要になり，それを**符号化**などと称しています．そして，じょうずに符号化するコツは，人間の言葉のくせをとことん利用す

ることなのです．このテーマについては，つぎの第5章で付き合っていただく予定です．

言語の数学的な構造

　言葉に付きまとうくせが，言葉の情報能力にどう影響するかを調べていきましょう．現実の言語を対象にすると文字の数が多すぎて，やたらと紙面と労力を喰うので，たったの3文字

　　　　α, β, γ

だけで成り立っている言語があると考えて，それをモデルとして使うことにします．さらに，αとβとγがこの言語の中で使われる割合，つまり，出現確率も

　　　　α, β, γ

で表わすことに，ご同意ください．したがって

$$\alpha+\beta+\gamma=1 \qquad (4.1)$$

です．

　(1)　まず，3つの文字α, β, γが，前の文字に引きずられたりすることなく，独立に出現する文章について考えます．もちろん，3つの文字の出現確率の合計は式(4.1)のように1です．必ず，どの文字かが1つだけ現われるのですから……．

　この場合，1文字あたりの情報量(エントロピー)Hは

$$H=\alpha\log 1/\alpha+\beta\log 1/\beta+\gamma\log 1/\gamma \qquad (2.10)の応用$$

で求められるのでした．そして，この値が最も大きくなるのは，式(2.14)と式(2.15)を参考にすれば

第4章 言語の情報数学

$$\alpha = \beta = \gamma = 1/3$$

のときでした．したがって，この場合のエントロピーの最大値は，35ページの表2.1を参照して計算の手数を省くと

$$H_{\max} = (1/3 \log_2 3) \times 3$$
$$= \log_2 3 \fallingdotseq 1.58 \text{ビット} \tag{4.2}$$

です．この値が，勝率の等しい3人の勝負が持つエントロピー(31ページ)と等しいのは，当然のことです．

いっぽう，1文字あたりのエントロピーが最も小さくなるのは，α, β, γの出現確率のうち，どれか1つが1であり，他の2つが0のときです．このときのエントロピーは，0に決まっています．現われる文字が1つしかなければ，いまさら，その1つが現われても新しい情報はなにも提供しないからです．31ページの(1)と同じようにです．

(2) つぎに，α, β, γの出現確率が前の文字によって変化する場合を考えましょう．図4.1を見ていただけますか．αという文字のところから上方へ出る矢印は，くるりと回って再びαに戻っていますが，その矢印には0.4という数字が添えられています．これは，αのあとには0.4の確率でαが並ぶことを表わしています．また，αから左下へ出る矢印は，αのあとには0.3の確率でβが来ることを表わします．さらに，αから右下へ出る矢印が，αのあとに0.3の確率でγが並ぶことを示しているわけです．

このとき，αのつぎにαが並ぶ確率0.4と，βが並ぶ確率0.3とγが並ぶ確率0.3の合計が1になることは，いうに及びません．

この場合のように，ある現象が現われる確率が直前の現象だけに

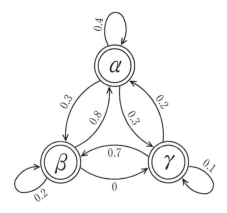

図 4.1 単純マルコフ過程

よって決まるような進行の仕方を**単純マルコフ過程**，または，**1次マルコフ過程**といいます．そして，直前とその前の現象によって確率が決まるような進行の仕方を2次マルコフ過程といい，3次以上についても同じようにネーミングされます．

図4.1の中には，αのあとにβがくる確率など，9つの確率が書き込まれています．これらは現象が移り変わる確率を表わしているので，**推移確率**と呼ばれています．その推移確率を一覧表にしたのが，表4.1です．この表と図4.1は形は異なりますが，訴えている

表 4.1 推移確率表

まえの字 \ あとの字	α	β	γ
α	0.4	0.3	0.3
β	0.8	0.2	0.0
γ	0.2	0.7	0.1

第4章 言語の情報数学

内容は同じです.

ところで,表4.1を見ているうちに,不安な気持ちになってきませんか.前の字の立場に立てば,たとえば,αにとってその後継者は,0.4の確率でα,0.3の確率でβ,0.3の確率でγなので,確率の合計は1となって,辻つまが合っています.βにとっても,γにとっても,状況は同じです.

しかし,です.αが自分の後継者に0.4の確率でαを指名すると同時に,βも0.8という高い確率でαを後継者にするというし,γも0.2という低い確率とはいえαを後継者にするというのですから,文字の列が長くなるにつれてαの出現確率そのものが変化するのではないかと,心配になりませんか.

そのとおりです.文字の列が伸びるごとに,α, β, γの出現確率が変化するのはふつうなのです.ただし,文字の列が長くなるにつれて,α, β, γの値は安定し,一定の値に落ち着いてしまいます.そして,その落ち着く値を求めるのは少しもむずかしくありません.

もういちど,表4.1をごらんください.あとの字のαについてみると,その出現確率αは,前の字αの出現確率αの0.4倍と,(あと言葉を省略して)βの0.8倍と,γの0.2倍が加算されたものです.つまり

$$\alpha = 0.4\alpha + 0.8\beta + 0.2\gamma$$

となっているはずです.βについても,γについても同じ考え方が適用できますから,それらを並べて書くと

$$\left.\begin{array}{l}\alpha = 0.4\alpha + 0.8\beta + 0.2\gamma \\ \beta = 0.3\alpha + 0.2\beta + 0.7\gamma \\ \gamma = 0.3\alpha + 0.1\gamma\end{array}\right\} \quad (4.3)$$

となります．この連立方程式には3つの未知数と3つの方程式があるので，わけなく α と β と γ の値が求まりそうに思うのですが，そうは問屋が卸しません．式の中に比例関係が潜んでいるため

$$\alpha : \beta : \gamma = 3 : 2 : 1 \tag{4.4}$$

の関係しか出てこないのです．そこで

$$\alpha + \beta + \gamma = 1 \qquad (4.1)と同じ$$

であったことを思い出しましょう．そうすると

$$\left. \begin{array}{l} \alpha = 3/6 \\ \beta = 2/6 \\ \gamma = 1/6 \end{array} \right\} \tag{4.5}$$

であることが判明します．こうして，推移確率が表4.1の値のときには，3つの文字の出現確率は式(4.5)の値に安定していることを知ります．

ここで，α，β，γ の出現確率が式(4.5)のとおりである場合について，1文字あたりのエントロピーを求めておきましょう．数値計算には，また，35ページの表2.1が役に立ちます．

$$H = 3/6 \log_2 6/3 + 2/6 \log_2 6/2 + 1/6 \log_2 6/1$$
$$\fallingdotseq 0.500 + 0.528 + 0.431 \fallingdotseq 1.46 \text{ビット} \tag{4.6}$$

この値は，3つの文字の出現確率が1/3ずつである場合のエントロピー，1.58ビット(式(4.2))より小さくなっています．出現確率にく̇せ̇があるぶんだけ，出現する文字の予想が立てやすくなっているのですから，あいまいさのバロメータでもあるエントロピーが小さいのは，当然のことなのです．

(3) α，β，γ という3文字だけで成り立っている架空の言語を題

第4章 言語の情報数学

材にして,文字の出現確率が文字の情報量(エントロピー)に及ぼす影響を調べている最中でした.そして,1文字あたりのエントロピーは,文字の出現確率が

    1/3 ずつなら   1.58 ビット

    3/6, 2/6, 1/6 なら   1.46 ビット

という成果を得たところでした.

しかし,これで満足してはいけません.これでは,まだまだ突っ込み不足なのです.なぜかというと,つぎのとおりです.

恐縮ですが,82ページの表4.1をもういちど見ていただけませんか.文字の推移確率がこの表のとおりなら,結果としてα, β, γの出現確率が3/6, 2/6, 1/6になるのでした.そして,この出現確率によってエントロピーを計算すると,1.46ビットになるのでした.ただし,この計算過程の中には推移確率がいっさい使われていません.だから,βのあとにはγが現われることは絶対にない,とか,βのあとの文字はαと予測するのがいいなど,エントロピーの減少につながりそうな情報が無視されてしまっています.これでは困ります.1次マルコフ過程に従うとして言語のエントロピーを求めようではありませんか.ちょっとめんどうな作業になりますが,お付き合いください.

まず,αという文字が現われたという条件のもとに,それにつづく文字の**条件付きエントロピー**(37ページ)を求めます.

表4.1(82ページ)によれば,αという文字のあとには

    α が 0.4 の確率で

    β が 0.3 の確率で

    γ が 0.3 の確率で

現われるのですから，α のあとにくる文字のエントロピーは

$$H_1 = 0.4 \log_2 1/0.4 + 0.3 \log_2 1/0.3 + 0.3 \log_2 1/0.3$$
$$\fallingdotseq 0.4 \times 1.32 + 0.3 \times 1.74 + 0.3 \times 1.74 \fallingdotseq 1.57 \text{ビット} \quad (4.7)$$

同様に，β のあとにくる文字のエントロピーは

$$H_2 = 0.8 \log_2 1/0.8 + 0.2 \log_2 1/0.2$$
$$\fallingdotseq 0.8 \times 0.32 + 0.2 \times 2.32 \fallingdotseq 0.72 \text{ビット} \quad (4.8)$$

また，γ のあとにつづく文字のエントロピーは

$$H_3 = 0.2 \log_2 1/0.2 + 0.7 \log_2 1/0.7 + 0.1 \log_2 1/0.1$$
$$= 0.2 \times 2.32 + 0.7 \times 0.51 + 0.1 \times 3.32 \fallingdotseq 1.15 \text{ビット} \quad (4.9)$$

です．そうすると，全体としては，3/6 の確率で H_1 が，2/6 の確率で H_2 が，1/6 の確率で H_3 が生じるのですから，1次マルコフ過程における1文字あたりのエントロピーは

$$H = \frac{3}{6} \times 1.57 + \frac{2}{6} \times 0.72 + \frac{1}{6} \times 1.15 \fallingdotseq 1.22 \text{ビット} \quad (4.10)$$

となることを知ります．

ごらんください．α, β, γ の3文字しか使われていない架空の言語について，1文字あたりのエントロピー，いい換えれば情報量を調べてみたところ，α, β, γ の出現確率が

ⓐ　独立に　　　　　　　1/3 ずつなら　　　　1.58 ビット
ⓑ　独立に　　　　　　　3/6, 2/6, 1/6 なら　　1.46 ビット
ⓒ　1次マルコフ過程で　3/6, 2/6, 1/6 なら　　1.22 ビット

と減少していくのです．2次以上のマルコフ過程とみなして計算すると，もっと減少していきます．こうして，文字の並べ方に・く・せがあるほど，文字の情報量は低下の一途を辿ります．文字の配列，すなわち言語は，人間が作り出したものなのに，なぜ，わざわざ情報

第4章 言語の情報数学

量を減らすような愚かなことをするのでしょうか．つぎの節では，その理を探り，人間の知恵に感心していただこうと思います．

〔クイズ〕 α, β, γ の出現確率は 1/3 ずつですが，それらは表 4.2 の 1 次マルコフ過程に従っています．1 文字あたりのエントロピーを計算して，文字が互いに独立なときの 1.58 ビットと比較してみてください．計算は 35 ページの表 2.1 を使えば，あっという間に終わります．答は脚注．*

表 4.2 エントロピーを求めてください

	α (1/3)	β (1/3)	γ (1/3)
α (1/3)	6/12	4/12	2/12
β (1/3)	3/12	7/12	2/12
γ (1/3)	3/12	1/12	8/12

冗長性は，ムダか

前ページ下部の 3 つのビット数を，もういちど見ていただけませんか．α, β, γ の 3 文字だけで成り立っている架空の言語について，3 つの文字が互いに独立に 1/3 ずつの確率で使われているⓐの場合には，1 文字あたりの情報量が 1.58 ビットあり，これが，3 文字で情報を伝えるときの最大値でした．

これに対して，文字の出現確率が 3/6, 2/6, 1/6 のⓑになると，

---

* 〔クイズの答〕 約 1.34 ビットです．1.58 ビットに較べて，ずいぶん減りましたね．

1文字あたりの情報量が1.46ビットに減ってしまうのでした．つまり，ⓑのような確率になったために，1文字あたりの情報量が

$$1.58 - 1.46 = 0.12 \text{ ビット} \tag{4.11}$$

だけムダになってしまうのです．そして，最大の情報量に対するムダの割合は

$$0.12/1.58 ≒ 0.076 \text{ (約 7.6\%)} \tag{4.12}$$

になっています．このようなムダの割合は冗長度と呼ばれています．そして，このような冗長度を持つ性質を冗長性といいます．ごく自然なネーミングのように感じませんか．このように，その言語が持ち得る1文字あたりの最大の情報量(エントロピー)を H_{max} とし，現実の情報量を H とすると

$$R = \frac{H_{max} - H}{H_{max}} \tag{4.13}$$

を**冗長度**(redundancy)と約束しているわけです．いまの例をこの式に当てはめるなら

$$\frac{1.58 - 1.46}{1.58} ≒ 0.076 \tag{4.14}$$

ということで，約7.6%の冗長度があるということになります．

では，86ページのⓒのように，1次マルコフ過程に従っていると考えたときの冗長度はいくらでしょうか．このケースでは

$$\frac{1.58 - 1.22}{1.58} ≒ 0.228 \tag{4.15}$$

ですから，約22.8%の冗長度があるということです．

さらに，2次マルコフ過程，3次マルコフ過程，……などを仮定していけば，冗長度はどんどん増していくはずです．

ところで,架空の言語ではなく,日本語や英語などの実用語では,1文字あたりの情報量や,全体としての冗長度はどのくらいあるのでしょうか.これに関する調査結果はいろいろ発表されているのですが,数値にはかなり大きなバラツキがあります.

なにしろ,言葉は時の流れにつれてどんどん変化し,昭和ひと桁生まれの私にとっては,若者の言葉が英語より難解なことがあるくらいです.その英語にしたところで,だいぶ以前は

  Have you the book?

が正しかったのに,いまでは

  Do you have the book?

としないと×点です.

そのうえ,調査した文章の性格(テーマ,対象とする読者など)もまちまちでしょうから,調査結果の数値に相当のバラツキがあるのはやむを得ないと思われます.それにもかかわらず,おおまかな数値を挙げるなら

$$\text{日本語} \begin{cases} H_{\max} & 5.7\sim6.4 \text{ビット}(96\text{ページ参照}) \\ H & 1.2\sim2.0 \text{ビット} \\ R & 0.69\sim0.79 \end{cases}$$

$$\text{英 語} \begin{cases} H_{\max} & 4.7 \text{ビット}(99\text{ページ参照}) \\ H & 1.0\sim1.7 \text{ビット} \\ R & 0.64\sim0.79 \end{cases}$$

くらいの感じでしょうか.いずれにしても,冗長度が2/3を上回っているところが目を引きます.ずいぶん,もったいないなと思われませんか.

もったいないと感じるのは,冗長という単語が一般には,だらだ

らしてムダが多いことを意味するからかもしれません．しかし，冗長度の本質は決してムダではないのです．

　ご存知の方も多いとは思いますが，信頼性工学においても，冗長性は高い信頼性を確保するための切り札の1つになっています．たとえば，飛行機では燃料タンクからエンジンへ燃料を送り込む装置を二重にしてあるのがふつうです．飛行機にとってエンジンの停止は致命的なので，片方の装置が故障しても，他方の装置によってエンストを防止できるように配慮してあるのです．

　こういうとき，燃料の移送装置には**冗長性**(redundancy)があるというのですが，これをムダとは言えないではありませんか．言語における冗長度にも同じような効用があることを，つぎの節で見ていただきたいと思います．

冗長性が有用な証拠

　恐縮ですが，ちょっとしたよた話に付き合っていただけますか．1987年ごろ，日本が新しく取得しようとしていた戦闘機(FSX)を巡って日米間に貿易摩擦や技術摩擦が起こり，連日のように新聞の紙面を賑わしていたことがありました．

　当時，その問題に深く関わっていた私は，毎朝，各紙に掲載されるFSXの記事に目を通すのを常としていました．それを繰り返しているうちに，FSXという3文字があれば，どんなに小さな文字でも，紙面の片隅に埋もれていても，ぱっと目に留まるようになってきたのです．そればかりか，SFX(特撮技術のこと)という3文字にさえ目が釘付けになって，苦笑することもありました．

第4章 言語の情報数学

そんなある朝，FSX と勘違いして目に留ったのが，なんと SEX の3文字でした．いくら仕事熱心で FSX に心を砕いているとはいえ，SEX が FSX に見えるようでは，遂に，私のオトコも終わってしまったのかと，淋しい気持ちになったものでした．

ところがです．それから数年を経て，FSX 問題も決着し，私も仕事を離れて，のどかな日々を送るようになったある朝，読売新聞の日曜版に連載されていた「女のしおり」というコラムに目を落としたとたんに，その標題が「女のおしり」に見えたのです．「しおり」が「おしり」に見えるとは……．私のオトコは見事に蘇ったのです．

話を情報数学に戻しましょう．なぜ，「しおり」を「おしり」と見誤ったのでしょうか．もちろん，私のオトコのさがも影響しているかもしれませんが，それよりは，日本語の冗長性に拠るところが大きいように思います．

　　　　お，　し，　り

を1字ずつ並べてできる3文字の順列は

　　　　おしり　　　おりし　　　しおり
　　　　しりお　　　りおし　　　りしお

の6個です．そのうち，日本語として意味を持つ単語は「おしり」と「しおり」の2個だけにすぎません．あとの4個はムダになっているのですから，前節の知識によれば，冗長度が 2/3 もあることになります．したがって，日本語を数十年も使いつづけてそのくせを知りつくした私が，「お」と「し」と「り」の3文字を見たとたんにムダな4個の配列を無意識のうちに除外して，「おしり」と「しおり」の2つだけが脳裏に浮かび，文字を読みもしないで「おしり」と感じてしまったとしても，罪は軽いというものでしょう．

このような場合，もし，3つの文字が

   い， か， す

であって，その順列が，動詞も含めて

   いかす(活かす) いすか(鳥の一種) すいか(西瓜)

   すかい(sky)   かいす(解す,介す) かすい(仮睡)

のように，すべてが意味を持っているようなら，冗長度がゼロですから，全部をしっかりと区別しなければならず，文字をきちんと読んだにちがいないと思うのです．いくらか，こじつけがましかったかな？

こじつけではない話に移ります．話を簡単にするために，存在する文字は

   か， し， り

の3つだけとしましょう．そして，この中の2文字を使って名詞の情報を伝えたいと思います．ただし，同じ文字を続けるのは禁手です．そうすると，伝えられる情報は6とおり，すなわち

   かし(菓子)， しか(鹿)， かり(狩)

   りか(理科)， しり(尻)， りし(利子)

です．6とおりの名詞は，すべてが意味を持っていますから，ムダはありません．完璧に冗長度はゼロです．

ところが，情報を送るほうか受け取るほうかが，1字でもまちがえるとたいへんです．まちがったことにさえ気がつきません．まちがえた情報がきちんとした意味をもっているので，かえって始末が悪いのです．

これに対して，使える文字が

   あ， く， さ

洋服にも，サイフにも
じゅうぶんな冗長性があります

の3文字の場合を考えてみましょう．これらの文字の組合せは

あく(悪)，　　あさ(朝)，　　くあ

くさ(草)，　　さあ，　　　　さく(柵)

の6種類ですが，そのうち「くあ」と「さあ」は名詞としての意味はありませんから，情報としてはムダです．つまり，この情報伝達の冗長度は1/3です．

さて，いま「さあ」という情報を受け取ったと思ってください．「さあ」という名詞はありませんから，どこかがまちがっているのですが，さあ，どこがまちがっているのでしょか．

よく考えてみると，「さあ」のうち，「さ」のほうは，まちがっていないはずです．「さ」がまちがっていれば伝えられた情報は「く

あ」にしかなりませんが、これも意味がないからです。それなら、送られた情報は「あ」のほうがまちがっていて、正しくは「さく」であったにちがいありません。

このように、まちがいが発見されて、しかも訂正さえできたのは、「くあ」や「さあ」のようなムダがあったからです。このムダを冗長度などと呼ぶのは、ずいぶん失礼な話ではありませんか。余裕度とか安全度に名称の変更を提案したいくらいです。

そういえば

   2018年5月20日(日)

のように、日付と曜日を連記する習慣も、良策ですね。1週間が7日という半端な数なのが幸いして、ほんの1文字で冗長性をぐっと高めているではありませんか。

日本語の情報量

言語の情報数学は、あちらこちらと、さまよったあげくに、日本語の冗長性に足を踏み入れてしまいました。けれども、日本語の冗長性を語るくらいなら、その前に、日本語のもつ情報量(エントロピー)くらいは調べておくのがほんとうだったと反省しています。

で、さっそく日本語のエントロピーを調べようと思うのですが、これがたいへんです。日本語は表意文字である漢字と表音文字であるかな文字が併用されているので、数量的な取り扱いが著しく困難です。そこで、すべての言葉をひらがなで書き表わして、日本語の情報量や冗長度を調べていくことにご同意いただきます。

さて、ひらがなの数は、いくつあるでしょうか。これが、なかな

かの難問です．なぜかというと，ひらがなは表音文字ですから

　　　「お」と「を」，「じ」と「ぢ」，「ず」と「づ」

を区別するかどうかを，現在の発音に照らして判断しなければなりません．また，たとえば「じゃ」のような場合

　　　「じゃ」の1文字，　　「じ」と「ゃ」の2文字

　　　「し」と「゛」と「ゃ」の3文字

のいずれを採るかも意見の分かれるところです．

　さらに，スペースと句点（。）と読点（、）の数え方もめんどうです．俳句は，1行に書けるときには17文字を続けて書いてしまうのがふつうですが，口調としては五・七・五です．ところが，文意としては五・十二か十二・五とするのが望ましく，文意まで五・七・五に切れてしまう句は「三段切れ」といって嫌われると聞きます．このような俳句は17文字と数えるのでしょうか．それとも，スペースか読点を1つ，あるいは2つ補って数えるのでしょうか．

　同じような例ですが

　　　「カネ　オクレ　タノム」，　「カネ　オクレタ　ノム」

　　　「カネオ　クレ　タノム」，　「カネオ　クレタ　ノム」

のいずれの意味にもとれる

　　　カネオクレタノム

は，4つの意味をもつ8字の情報として扱うのか，それとも……？

　そのほかにも「くぇ」，「くゎ」，「げぇっ」などや，「だ〜ん」などの長音符号のように，取り扱いに異論がでそうなものも少なくありません．だから，ひらがなの数を決めるだけでも合意形成がむずかしいのです．

　こういうわけで，日本語を表記するために使われるひらがなの数

については，発表された論文によって，52個から83個くらいまでの大きな差異があるのが現状です．そうすると，ひらがなが同じ確率で使われると仮定したときの1字あたりの情報量(エントロピー)，いいかえると，ひらがなで綴られた日本語がもち得る最大の平均エントロピーは

$$52 字なら \quad \log_2 52 \fallingdotseq 5.70 ビット \qquad (4.16)$$

$$83 字なら \quad \log_2 83 \fallingdotseq 6.37 ビット \qquad (4.17)$$

ということになってしまいます．かなり大きな差がありますね．日本語の情報量を分析しようとしても，その第一歩で文字の数さえ確定できないようでは困ったものです．

そのほかにも困ったことがあります．主要な国の言語に較べて日本語の文字の数が多いことです．たとえば，ローマ字は26個なのに，日本のひらがなはその2〜3倍もあります．かりに1次マルコフ過程で推移する文字の出現確率を調べようとするなら，並んだ2文字を対象としなければなりませんから，調査対象の組合せは4〜9倍にもなり，精度のいい調査はむずかしいのです．

また，英語などでは単語が互いに分離しているので，つぎの節で見ていただくように，単語を単位とした調査が可能です．それに対して日本語は，単語の切れめがはっきりしません．「めっそうもない」は1つの単語なのか，「めっそう も ない」とするのか，意見が分かれるようにです．

さらに，日本語には同音異義の単語がやたらに多いのも困りものです．たとえば，セイコウ(成功，生硬，性向，性交，性行，精巧，精鋼，製鋼，清光，盛行，政綱，など)のような単語の情報量は，どう考えるのが正しいのでしょうか．

第4章　言語の情報数学

そんなこんなで，日本語を題材にして言語の情報数学をご紹介するのは断念し，節を改めて英語を題材にしたいと思います．

英語で冗長度を調べる

前節では日本語の冗長度を調べようとしたのですが，ややこしくて，付き合いきれませんでした．そこで，この節では英語の冗長度を調べてみようと思います．なぜ英語かというと，つぎのとおりです．

日本人にとって，英語は日本語についで日常的に接することの多い言語であることが第一です．そのうえ，英語の文字体系は，ドイツ語のようにウムラウトがついたり，ハングル文字のようにいくつかの字母が組み合わされたりすることなく，いたって簡素です．さらに，英語の冗長度などについては多くの研究成果が公表されていて，それを入手しやすいことも理由のひとつです．

それなら，その研究成果を紹介すればすむではないかというのは，この本の趣旨に反します．なっとくずくで手順を追い，必要なら計算をフォローしながら話をすすめるのが，この「はなしシリーズ」のモットーだからです．

そういうわけで，つぎの英文を題材に選びます．イソップ物語のひとつで，肉片をくわえた犬が川面に映った自分の姿を見て，そちらの肉片のほうが大きいと思い，それを取ろうと口をあけたとたんに，すべてを失うという話です．手ごろな長さなので，これを選ぶことにしました．

なお，26種類の文字はすべて大文字で表わし，文字間の単なるスペースをはじめ，コンマ，終止符，感嘆符など，1字ぶんのスペー

スを要する記号は，すべて□に統一することに，同意してください．

そうすると，私たちの題材は，つぎのようになります．

A□DOG□STOLE□A□BIG□SLICE□OF□
MEAT□AND□WAS□TROTTING□HOME□
PROUDLY□WITH□HER□PRIZE□WHEN□SHE
□COME□TO□A□FOOTBRIGE□ACROSS□A□
RIVER□IT□WAS□THERE□THAT□SHE□
HAPPENED□TO□LOOK□DOWN□AND□SEE□
HER□OWN□REFLECTION□IN□THE□WATER□
THINKING□IT□WAS□ANOTHER□DOG□
CARRYING□WHAT□LOOKED□LIKE□AN□
EVEN□LARGER□PIECE□OF□MEAT□SHE□
DECIDED□SHE□MUST□HAVE□THAT□
PIECE□TOO□BUT□WHEN□SHE□OPENED□
HER□MOUTH□TO□SNATCH□IT□AWAY□SHE
□DROPPED□HER□OWN□SLICE□OF□MEAT□
IN□THE□RIVER□AND□ENDED□UP□WITH□
NOTHING□AT□ALL□

まず，この457文字の短文が，英語の性質を調べるためのサンプルに適しているかどうかが気になります．そこで，さっそく文字の出現率を調べてみました．その結果が，表4.3です．この出現率は，公表されている他の調査結果(130ページ表5.4)と，かなりよく合っています．だから，この短文は英語の見本として一応は合格とみなしていいでしょう．安心して先へすすめます．

つぎに，このような出現率で27文字が独立に使われている場合

第4章 言語の情報数学

表 4.3 ローマ字の出現率

文字	出現率	$\log_2 1/p$	$p\log_2 1/p$	文字	出現率	$\log_2 1/p$	$p\log_2 1/p$
□	0.201	2.31	0.465	P	0.022	5.50	0.121
E	0.111	3.17	0.352	G	0.019	5.71	0.108
T	0.081	3.62	0.293	M	0.015	6.06	0.091
O	0.068	3.88	0.264	F	0.011	6.50	0.072
A	0.063	4.06	0.256	U	0.011	6.50	0.072
H	0.061	4.03	0.246	V	0.009	6.79	0.061
N	0.053	4.24	0.225	K	0.009	6.79	0.061
R	0.053	4.24	0.225	Y	0.007	7.15	0.050
I	0.053	4.24	0.225	B	0.007	7.15	0.050
D	0.037	4.75	0.176	Z	0.002	8.96	0.018
S	0.033	4.92	0.162	X	0.000	—	—
W	0.028	5.16	0.144	J	0.000	—	—
L	0.024	5.38	0.129	Q	0.000	—	—
C	0.022	5.50	0.121	計	1.000		3.987

の1文字あたりの情報量(エントロピー)を計算してみると，表4.3のように

$$H = \sum p \log_2 \frac{1}{p} \fallingdotseq 4.00 \text{ ビット} \tag{4.18}$$

(2.10)の応用

であることがわかります．

もし，27文字の出現率が1/27ずつに分かれていれば，そのときが1文字あたりの情報量が最大であり，それは

$$H_{\max} = \left(\frac{1}{27}\log_2 27\right) \times 27 \fallingdotseq 4.75 \text{ ビット} \tag{4.19}$$

です．したがって，27文字が表4.3の出現率で独立に使われている

場合の冗長度は

$$R = \frac{4.75 - 4.00}{4.75} \fallingdotseq 0.16 \tag{4.20}$$

ということになります．

ここまでは，英語のもつ数学的な性質を調べる作業が順調にすすんできました．つぎは，各文字の出現確率が前の文字によって変わる場合，つまり，文字の配列が1次マルコフ過程に従って推移するとみなしたときの情報量や冗長度を求めたいのですが，それが無理なのです．その理由は，つぎのとおりです．

前の文字によって変わるあとの文字の出現率を調べるには

　　　AのあとのA，AのあとのB，AのあとのC，……

　　　……，ZのあとのY，ZのあとのZ，Zのあとの□

の出現率を片っぱしから調べなければなりません．□のあとの□だけは調べる必要がないとしても

$$27 \times 27 - 1 = 728 \text{ とおり} \tag{4.21}$$

の組合せで出現率を求める必要があります．

いっぽう，私たちの題材は457文字ですから，その中には連続した2文字は456しか含まれていません．728とおりの出現確率を調査するためのデータが，僅か456個では勝負にならないではありませんか．

先人たちの中には，数万語の英文を調べた結果を論文として公表された方も少なくないようですが，私たちは，1次マルコフ過程に従うとみなしたときの英文の情報量を，この方法で調べることは断念せざるを得ません．いわんや，2次以上のマルコフ過程においてをや……です．

第4章　言語の情報数学

そこで，やや強引ではありますが，まったく別の視点から，英文が結果的に保有している情報量に迫ってみようと思います．だいたいの筋書きは，つぎのとおりです．

たとえば，□を除く26種類の文字を2つ連ねてできる文字列は

$$26 \times 26 = 676 \text{ とおり} \tag{4.22}$$

ありますが，そのうち，英単語として意味のある文字列は

　　　ME, OF, IN　　など

74とおりだそうです．それなら，偶然に2文字つながった文字列が意味のある英単語になる確率は

$$74/676 \fallingdotseq 0.109 \tag{4.23}$$

です．そうすると，意味のある2文字の単語がもつ情報量は，0.109の確率でしか起こらない事象がもたらす情報量ですから

$$\log_2 1/0.109 = 3.19 \text{ ビット} \tag{4.24}$$

と考えていいでしょう．

いっぽう，私たちの例題を調べてみると，単語の総数は92個あり，その中に2文字の単語が14回現われています．それなら，2文字の単語によって例題の中に持ち込まれた情報量は

$$3.19 \times 14 = 44.66 \text{ ビット} \tag{4.25}$$

であるに相違ありません．

同じようにして，1文字の単語によって例題の中に持ち込まれた情報量，3文字の単語が持ち込んだ情報量，4文字の単語が……などのすべてを計算し，それらを合計すれば，私たちの例題に詰め込まれている全情報量が求まるはずです．そして，それを文字の数で割れば，現実の英語の中で，結果的に文字が分担している情報量の平均を知ることができるにちがいありません．さっそく，挑戦して

表 4.4 英単語の数

文字列の長さ	単語の数[*]	仮定する単語数
1	4	4
2	74	74
3	680	680
4	2130	2130
5		23600
6		10700
7		10700
8	57841	8600
9		2100
10		2100
11 以上		――

みましょう．

　作業にかかる前に，英語にはなん文字の単語がいくつあるかを知る必要があります．ある先生が，三省堂の『コンサイス 英和辞典』などを調べ，その結果を表 4.4 の「単語の数」のように公けにしておられます．ただし，5 文字以上は一括して 57,841 個となっているので，これを私たちの例題における 5 文字以上の単語の数 (表 4.5 参照) に比例させて配分することにしました．それが表 4.4 の「仮定する単語数」です．

　この際，1 文字の英単語が 4 個とは，なんでしょう？　A (不定冠

---

[*] 「計量言語学からみた日本語の冗長性」，細井勉『数理科学』(ダイヤモンド社，1969 年 11 月号)

第4章 言語の情報数学

表 4.5 例題の単語の数

単語の文字数	個数	出現率
1	4	0.04
2	14	0.15
3	27	0.29
4	20	0.22
5	11	0.12
6	5	0.06
7	5	0.06
8	4	0.04
9	1	0.01
10	1	0.01
計	92	1.00

詞)とI(私)はわかるけれど,あとの2つはG(重力の加速度),T(to a T:ぴったり,きちんとの意),X(10ドル紙幣)などのどれだろうか,などと悩むのはあと回しにして,情報量の見積り作業を始めましょう.

表4.6の上から2行め,「文字列の長さが2」の行を見ながら前述の筋書きを追ってみてください.2字の文字列が意味のある英単語になる確率は,式(4.23)のように,0.109でした.したがって,これらの単語は,それぞれ式(4.24)のように,3.19ビットの情報量をもっています.いっぽう,私たちの例題の中には2文字の英単語が14個ありますから,2文字の英単語によって例題の中に持ち込まれた情報量は,式(4.25)のように,しめて44.66ビットです.

文字列の長さが1から10までのすべての場合ごとに,これらに

表 4.6　例題の総ビット数を求める

文字列の長さ	単語になる確率	単語の情報量	例題の個数	情報量
1	$4/26=0.154$	2.70ビット	4	10.80ビット
2	$74/26^2=0.109$	3.19	14	44.66
3	$680/26^3=0.039$	4.69	27	126.63
4	$2130/26^4=0.0046$	7.74	20	154.80
5	$23600/26^5=0.20\times10^{-2}$	8.97	11	98.67
6	$10700/26^6=0.34\times10^{-4}$	14.81	5	74.05
7	$10700/26^7=0.13\times10^{-5}$	19.51	5	97.55
8	$8600/26^8=0.41\times10^{-7}$	24.52	4	98.08
9	$2100/26^9=0.39\times10^{-9}$	31.25	1	31.25
10	$2100/26^{10}=0.15\times10^{-10}$	35.95	1	35.95
		計	92	772.44ビット

よって例題の中に持ち込まれた情報量を表 4.6 の右端に書き並べてあります．そうすると，これらを総計した

$$772.44 \text{ ビット} \tag{4.26}$$

が，私たちの例題に詰め込まれた情報の総量であることに同意していただけると思います．したがって，この総量を例題の文字数 457 で割った

$$772.44/457 \fallingdotseq 1.69 \text{ ビット} \tag{4.27}$$

が，現実の英文の中に含まれる 1 文字あたりの情報量であるという結論になりました．この結果をもとに英語の冗長度を求めると，式 (4.19) の値を思い出して

$$R=\frac{4.75-1.69}{4.75}\fallingdotseq 0.64 \tag{4.28}$$

であることがわかります．約 2/3 の情報量が英語らしいくせをまとうために使われているわけです．

この節では，現実の英語の中で文字が分担している情報量や冗長度を求める方法のひとつをご紹介して参りました．題材に使った英文が短すぎるために精度は悪く，また，なん文字の単語がなん個あるかについても合意形成ができているとも思えません．そこのところはお許しいただいて，言語の仕組みにさえも情報数学のメスがはいっていることを実感していただければ幸いです．なお，このような解析法をひっくるめて，**計量言語学**と称することも付記しておきましょう．

英語を作ってみよう

前節では，英文の情報量の約 2/3 が英文らしいくせをまとうことに費やされていると書きました．それは，文意を主張している情報量が 1/3 にすぎないことを意味しています．

それなら，そのくせをとことん真似てローマ字を並べてやれば，英語らしい配列になり，ひょっとすると，意味のある英文が勝手に誕生するかもしれないではありませんか．こんな楽しそうなイタズラをやってみない手はありません．付き合ってください．

まず，文字の出現確率だけを忠実に守って文字を並べてみましょう．そのために，英文の見本として一応は合格している前節の英文に再登場してもらいます．資源の再利用です．ただし，紙面を節約するために，前半分だけを書くに留めます．

表 4.7 に準備してあるのは乱数表です．0 から 9 までの 9 文字が，

表 4.7　乱数表(『新編日科技連　数値表―第 2 版―』から)

```
82 69 41 01 98    53 38 38 77 96
17 66 04 63 41    77 51 83 33 14
58 26 41 01 59    68 98 40 57 93
07 16 73 31 65    61 64 17 83 92
13 43 40 20 44    75 93 89 23 44

26 86 01 11 93    19 96 29 40 36
38 75 35 82 11    00 81 89 17 75
62 86 84 47 47    44 88 10 83 73
62 88 58 97 83    35 14 27 88 69
56 63 41 73 69    71 11 08 02 22
```

まったくくせを持たないようにランダムに並べてあります．この乱数表の指示どおりに文字を選び出していけば，文字の出現確率だけは与えられた英文のままでありながら，並び方はランダムになるはずです．さっそく実行に移りましょう．

　A□DOG□S<u>T</u>OLE□A□B<u>I</u>G□SLICE□<u>O</u>F□ME<u>A</u>T□AND□WAS□TROTTIN<u>G</u>□HOME□P<u>R</u>OU<u>D</u>LY□WITH□HE<u>R</u>□PRIZE□<u>W</u>HEN□SHE□COME□<u>T</u>O□A□FOOTB<u>R</u>IGE□<u>A</u>C<u>R</u>OSS□A□RIVER□IT□WA<u>S</u>□TH<u>E</u>RE□THA<u>T</u>□<u>S</u>HE□H<u>A</u>PPENED□TO□LOO<u>K</u>□DOW<u>N</u>□AND□SEE<u> </u>□HER□<u>O</u>W<u>N</u>□<u>RE</u>FLE<u>C</u>TION□IN□THE□<u>WA</u>TER□

　まず，乱数表の最初の数字を見ると 8 ですから，上の英文の 8 番めの文字を選びます．8 番めの文字は T ですから，そこにアンダーラインを引きましょう．

　乱数表を見ると，つぎの数字は 2 ですから，アンダーラインを引

いたTの字から2番めにあるLに，アンダーラインを引いてください．乱数表のつぎの数字は6ですから，いまのLから右に6番めのIにアンダーラインを引きます．以下同様に，乱数表の数字を1つずつ採用して，その数だけ移動しながら文字の下にアンダーラインを引いていってください．乱数が0のときには，文字の下に2本めのアンダーラインをお忘れなく．

　こうしてアンダーラインが引かれた文字を順に書き連ねると

　　TLIOEAAT□GERD□RWETBAC□□
　　SSEASHI□RWREC□WT(98ページの英文の後半へ
　　つづく)INGG□ARC□K□EELPMTTECSTA□S
　　OPE□□TW□□ODDHHOSFTRENIHONTA

となります．見てください．ARC(弧)という英語や，GERDとかSOPEのように英語っぽい文字列もありますが，全体としては英語らしい体裁を備えているとは言えないようです．英語の27文字が表4.3の出現率に従いながらも，しかし独立に使われている場合の冗長度は，式(4.20)によって僅か16%でしたから，この程度の冗長度の投資では，英語らしいくせは保てないのですね．

　それでは，文字の出現確率が1次マルコフ過程に従って推移するように文字を並べてみましょうか．題材は，いままでどおりのイソップ物語です．

　A□DOG□STOLE□A□BIG□SLICE□OF□
MEAT□AND□WAS□TROTTING□HOME□
PROUDLY□WITH……

　まず，先頭のAと□をいただきましょう．Aの前にはたくさんの□が隠れていると考えるとマルコフ過程がややこしくなりますから，

Aは天からの頂きものと割り切り，そのAの影響下に□が現われたとみなして，1次マルコフ過程をスタートさせるのです．

□の後にはDが並んでいますが，それを採用すると2次マルコフ過程になってしまいます．そこで，そのつぎにくる□の後のSを採用してください．アンダーラインを引いてあるようにです．

同じ理屈で，このSにつづくTを採用するのではなく，つぎに出てくるSの後のLを採用してください．同様に，Lのつぎには下の行のYを採用し……と気疲れする作業をつづけていくと

　　A□SLYIK□ATHEDED□ME□ATOFOOSSR□WNDOG□LIE□MUTH□ATH□……*

とつづく英文もどきが現われます．

いかがでしょうか．A，ME，LIEなどの英単語が含まれていたり，アテネっぽかったり，ずる(SLY)そうだったりして，文字の出現率だけを守って作った英文もどきより，だいぶ，英語らしくなってきたと思いませんか．

さらにマルコフ過程の次数をふやしていけば，どんどん本物の英語に近づいていき，8次くらいで本物の英語そっくりになるのではないかと言われています．人間の意志に関係なく，そのようにして作り出された英文は，人間社会にとってどのような意味を持つのでしょうか．

---

* この英文もどきは98ページの英文を2周して作ったものです．同じサンプルを2回も使うのは許されない所業ですが，抽出箇所がダブッていないことに免じて，お許しください．

第 5 章

情報の符号化
—— まず,効率を追求する ——

二兎を追う

　二兎を追う者は一兎をも得ず……日本でも有名な諺ですが,どうやら,これはローマ生まれらしく,またフランスでも「同時に二羽の兎を追うな」というそうです.日本古来の諺としては「欲のくま鷹,股裂くる」というのがあります.くま鷹(最大級の鷹の一種)が並んでいる2頭のいのししに襲いかかり,左右の足の爪を1頭ずつに食い込ませたところ,2頭のいのししが別々の方向へ走ったので,股が裂けてしまったという諺です.

　これほど二兎を追うことが戒められているのに,この章では敢然として二兎を追おうと思います.なぜ,そのような無謀なことをするかというと,理由はつぎのとおりです.

　私たちは,第1章と第2章で情報の量(エントロピー)の測り方や,その数学的な性質を知り,第3章では,コンピュータ内部での情報処理や通信などのITの世界では,すべての情報が 0 と 1 だけの組

合せで表現され,そして処理され,伝達されていることを見てきました.

そして,第4章では,日本語や英語のような実用言語はそれぞれ固有のくせをもっていて,そのくせが冗長性を生み,情報量は損をするものの,その代償として,欠落している文字を補うことができたり,誤りを発見して訂正できる場合もあるなど,冗長性の効用を認識してきたのでした.

さらに,私たちが情報技術や情報機器と付き合うためには,どうしても人間の言葉を 0 と 1 だけで綴られる IT の言葉に翻訳しなければなりません.その作業を**符号化**といい,じょうずに符号化するコツは,人間の言葉のくせをとことん利用することであるとアピールもしてきました.

ところで,じょうずな符号化とは,なんでしょうか.どのように符号化されるのが「じょうず」なのでしょうか.それを察知するために,図5.1を見ていただきましょう.

この図は,情報理論の元祖ともいわれるシャノン先生[*]が描いた

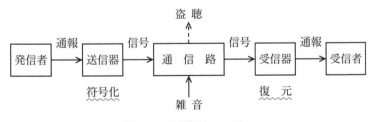

図5.1 情報伝達のモデル

---

[*] C. E. Shannon(1916～2001).通信理論を一般化して情報理論を作り上げたアメリカの応用数学者.ビットの概念を導入したことでも知られています.

通信系のモデルを基にして，私流に書き直した通信系の概念図です．左端の発信者から右端の受信者へ電話で情報を伝えようとしているとでも思って，矢印を追ってみてください．

　発信者の声による情報は，音声のまま通信路を走るわけではありません．電気信号や光信号に変身してから通信路に送り出されます．その信号には，ひとむかし前まではアナログ波も使われましたが，現在はデジタルなパルス，つまり，0と1による符号が使われています．このように，送信器においては，あらかじめ決めておいたルールに従って，生の情報が符号化されてから送信される運びとなります．

　いっぽう，符号化された情報を受け取った受信器のほうでは，符号化のルールを逆に辿って元の音声による情報に復元されて受信者の耳に届けられ，情報の伝達が終わります．

　いまは，電話による情報伝達をイメージしてみましたが，それ以外の場合にも同様な仕組みが考えられます．発信者の情報がキーボードやマウスによって入力され，受信者が画面に表示された情報を読み取ることもあるでしょう．また，発信者も受信者もコンピュータなどの機器の場合には，それらの機器の中で処理されている情報がすでに符号化されているために，送信器による符号化と受信器による復元が省略できることもありそうですが，いずれの場合も通信路だけは欠かせません．

　では，その通信路のところを見てください．通信路は電線や光ファイバーなどの有線のこともあるし，無線のこともありますが，その経路上では，多かれ少なかれ雑音が混入することは避けられません．なぜなら，宇宙線や浮遊イオンなどから通信路を完全に護る

ことは不可能だからです．そのため，図では通信路に雑音が混入することを矢印で示してあります．

実は，雑音は通信路だけに入るとは限りません．発信者の発信ミスも，送信器や受信器の中で生じる符号化や復元のエラーも，受信者の受信ミスも，ぜんぶ雑音とみなすほかありません．したがって，雑音の矢印は，これらを代表していると思ってください．

また，図では通信路を流れる信号が盗聴される可能性も矢印で警告しておきました．盗聴による情報の漏洩を防止するには，符号化と復元のところに，味方は正しく復元できて，敵には復元できない仕組みを作らなければなりません．それが**暗号**です．暗号については，改めて章を起こす予定です．

図の説明が長くなってしまいました．「じょうず」な符号化に話を戻しましょう．

情報は符号化されて通信路を通ります．通信路は有線のことも無線のこともありますが，いずれの場合でも，一対の送受信が通信路を独占するようなぜいたくは許されません．多数の情報を信号の周波数を少しずつずらしたり（周波数分割），時間をこま切れに使ったり（時分割）しながら，同時に送受信する必要があります．

こんなに貴重な通信路ですから，そこへ送り込まれる信号は，できるだけ短い *0* と *1* の行列に符号化されなければなりません．つまり，符号化に要求される第1のテーマは効率追求です．一般の言語のように，冗長度が2/3もあるようなぜいたくは許されないのです．

いっぽう，通信路には雑音がつきものですし，雑音によって誤りが発生することを覚悟しておかなければなりません．それなら，誤りを発見したり，それを訂正したりする誤り防止の機能が必要にな

ります．一般の言語では，大きなムダ(冗長性)と引き換えに，誤りを発見したり，訂正したりする能力を持っているのでしたが，*0* と *1* に符号化するときにも，誤り防止の機能を組み込みたいものです．それも，なるべく少ないムダと引き換えにです．

このように，符号化に要求される第2のテーマは誤り防止，あるいは安全性といってもいいでしょう．

第1のテーマの効率追求と第2のテーマの誤り防止とは，実は，情報の符号化ばかりでなく，実社会の中でも互いに相反する努力目標となっています．生産の速度を上げれば不良品が発生しやすく，不良率を抑えようとすると生産の速度が落ちてしまう．大企業で次々と起こったデータ改ざん問題などは，二兎を追えなかった結果でしょうか．また，犯罪の検挙率を高めようとすると誤認逮捕の確率が増えてしまうし，それを減らそうとすれば検挙率が落ちてしまいます．まさに，「あちら立てれば，こちらが立たぬ」のジレンマばかりではありませんか．

それにもかかわらず，この章とつぎの章では，せいいっぱいの効率を追求するとともに，ごくわずかな余力を割いて誤りを防止してみようと思います．敢然として二兎を追っていくつもりなのです．どうぞ，お付き合いください．

通信路を効率よく使う法

私たちは，通信路に効率よく情報を送る方法を見つけようとしているのですから，まず，通信路の性質を知らなければなりません．もっとも基本的な性質として，通信路がどれだけの情報量を伝える

能力を持っているかを，調べてみましょう．

いま，等しい確率で発生する N 種類の符号があり，どの符号も通信路を通るのに一定の時間（1秒としましょう）がかかるものと考えます．そうすると，T 秒かければ T 個の符号が送れるはずです．T 個の符号がもたらす情報の量は，いくらでしたっけ．それは，N 種の符号を T 個並べる並べ方が N^T ケースある中から 1 ケースを指定しているのですから，20 ページの式(1.24)の考え方を思い出すまでもなく

$$\log_2 N^T = T \log_2 N \text{ ビット} \tag{5.1}$$

です．すなわち，通信路では T 秒でこれだけの情報を送れることがわかりました．

ここで，1 秒間に送れる情報の量を通信路の**通信容量** C と呼ぶことにしましょう．そうすると，それは式(5.1)を T で割った値ですから

$$C = \log_2 N \text{ ビット} \tag{5.2}$$

ということになります．この値は，同じ確率で発生する N 個の符号を持つ情報源のエントロピーと同じです．

ちなみに，情報源が 0 と 1 だけで構成されていて，0 と 1 の発生確率が等しく，また，0 と 1 も送信に 1 秒を要するなら，通信路の容量 C は

$$C = \log_2 2 = 1 \text{ ビット} \tag{5.3}$$

です．受信側にとってみれば，1 秒ごとに 0 か 1 かが到着し，そのたびに 1 ビットの情報を入手するのですから，これは当然のことでしょう．

そして，かりに 0 も 1 も送信に 0.01 秒しかかからなければ，1

秒間にこの 100 倍の，100 ビットの情報を送れるにちがいありません．

　これらのことから，なるべく効率よく情報を送るための符号化のポイントが，つぎのように整理できるでしょう．

　(1)　なるべく *0* と *1* の行列の長さが短くなるように符号化する．

　一定の時間内に送れる符号の数が一定なら，ある情報を表わす *0* と *1* の行列が短いほど，短時間にたくさんの情報が伝達できるに決まっているからです．

　(2)　*0* と *1* の 1 符号あたりのエントロピーをなるべく大きくする．

　前記のように，通信路の容量は情報源のエントロピーと等しいわけですから，具体的には *0* と *1* の発生確率がなるべく等しくなるように符号化すればいいはずです．もっとも，(1)と(2)は，結局，表裏一体なのですが….

　(3)　情報源が文字や数字で表わされている場合には，その境めが読みとれるようにくふうする．単語や文章の境めを必要とすることもある．

　……ということなのですが，抽象的な話だけでは符号化のイメージが湧きません．なにしろ，ユニークな視点からの解説で知られている『新明解 国語辞典』(三省堂)によると，抽象論とは「具体的な事実から遊離しているため，実際問題の解決にはあまり役に立たない議論」だそうですから，困ります．そこで，節を改めて具体的な事例に挑戦することにします．

符号化の第1歩

α, β, γ, δ の4文字が等しい確率で使われている1文字あたり2ビットの情報源があり,その情報を送り出そうとしています.この場合,4つの区分のままで信号を送ろうとすれば,4段階に電磁パルスの高さを変えた信号を発信するなどのくふうが必要になりますが,それは55ページでも触れたように,技術的に得策ではありません.そこで,*0*(電磁パルスがない状態)と*1*(電磁パルスがある状態)だけの符号に翻訳しようと思います.どのように符号化しましょうか.

〔第1案〕 符号化の第1ポイントは,*0*と*1*の行列の長さを短くすることでしたから,二進法による数の表記法を拝借して

$$\left.\begin{array}{lll} \alpha & を & 0 \\ \beta & を & 1 \\ \gamma & を & 10 \\ \delta & を & 11 \end{array}\right\} \quad (5.4)$$

と符号化してみましょう.*0*と*1*で作られる符号列は,これより短くできませんから,式(5.4)は優れた符号化かもしれません.

ところが,この符号化には致命的な欠陥があります.たとえば,送られてきた符号列が

1 1 1

であったとしましょう.これを復元する立場から見ると

$\beta\delta$ なのか $\delta\beta$

なのか,区別ができないではありませんか.同様に,*110* が $\beta\gamma$ か $\delta\alpha$ の区別がつかないなど,符号の境めが読みとれません.これで

は，情報が正しく伝わりませんから，残念ながら符号化としては落第ですね．

〔第2案〕 こんどは，受信側が符号を2個ずつに区切って復元してくれることを前提にして

$$\left.\begin{array}{ccc} \alpha & を & 00 \\ \beta & を & 01 \\ \gamma & を & 10 \\ \delta & を & 11 \end{array}\right\} \quad (5.5)$$

と符号化してみます．そうすると

$$\text{符号の長さは } 2 \tag{5.6}$$

です．また，1つめの符号には 0 と 1 が2つずつ使われていて 0 と 1 の出現確率が等しいので，1つめの符号がもつエントロピーは1ビットです．2つめの符号についても同様に1ビットですから，2つの符号で2ビットを担っていることになります．等確率の α, β, γ, δ は2ビットを持っているのですから，それを 0 と 1 の2列で完全に吸収しているのであり，まったくムダがありません．すなわち，長さが1の符号が分担しているエントロピーは

$$2/2 = 1 \text{ ビット} \tag{5.7}$$

という好成績です．

ただし，雑音がはいるなどして，受信者が符号を2つずつに区切る位置をまちがえてしまうと，しっちゃかめっちゃかです．すなわち，この符号化は雑音に対して脆弱だと評価せざるを得ません．

〔第3案〕 第1案の式(5.4)の符号化は，符号の長さが短いのが特長でしたが，符号の境めが読みとれないのが致命的な欠陥でした．そこで，符号の境めに 0 を補って

α を 00
β を 01
γ を 010
δ を 011
$$(5.8)$$

としたら,どうでしょうか.それなら,1 の前にある 0 は境めを示すために補った 0 であることがわかるし,0 が 3 つ以上つづいているところでは,さらに 2 つ前にある 0 が境めを示していることが明らかですから,境めをまちがうことは起りません.たとえば

$$\overset{\bullet}{0}11\overset{\bullet}{0}1\overset{\bullet}{0}10\overset{\bullet}{0}00\overset{\bullet}{0}11 \quad (\bullet\text{は境め}) \quad (5.9)$$
$\underbrace{}_{\delta}\underbrace{}_{\beta}\underbrace{}_{\gamma}\underbrace{}_{\alpha}\underbrace{}_{\alpha}\underbrace{}_{\delta}$

のようにです.

この方式の符号化では

符号の長さの平均は 2.5 $\quad(5.10)$

です.そして,$\alpha, \beta, \gamma, \delta$ が持っている 2 ビットのエントロピーを,この 4 種の符号で完全に吸収していますから,4 種の符号がもつエントロピーも 2 ビットです.そうすると,長さ 1 の符号が分担しているエントロピーは

$2/2.5 = 0.8$ ビット $\quad(5.11)$

です.この値は〔第 2 案〕の式(5.7)よりは見劣りしますが,文字の境めが読みとれますから,〔第 2 案〕といい勝負の性能を持っているように思いませんか.

〔第 4 案〕 最後に,もうひとつ

$$\left.\begin{array}{lll} \alpha & を & 0 \\ \beta & を & 0\,1 \\ \gamma & を & 0\,1\,1 \\ \delta & を & 0\,1\,1\,1 \end{array}\right\} \quad (5.12)$$

としてみましょう．こんどは，文字の境めを 0 で示し，あとは 1 の数で文字を識別しようというのですから，明快です．この方式では

$$\text{符号の長さの平均は} \quad 2.5 \qquad (5.13)$$

ですし，また，これら 4 つの符号で 2 ビットを分担していることは明らかですから，長さ 1 の符号が分担しているエントロピーは

$$2/2.5 = 0.8 \text{ ビット} \qquad (5.14)$$

であり，この値は〔第3案〕のときと同じです．

ただし，文字の境めの読みとりに関しては，〔第3案〕は式(5.9)のようなややこしい判定が必要なのに対して，〔第4案〕では 1 の直前の 0 だけを境めと判定すればいいので，軍配は〔第4案〕に上がるでしょう．

符号化の第 2 歩

こんども，$\alpha, \beta, \gamma, \delta$ の 4 文字で綴られた情報を伝送するための符号化のデータです．ただし，4 文字の出現確率が等しくなく

$$\left.\begin{array}{lll} \alpha & \text{は} & 0.4 \\ \beta & \text{は} & 0.3 \\ \gamma & \text{は} & 0.2 \\ \delta & \text{は} & 0.1 \end{array}\right\} \quad (5.15)$$

であるとします．

さっそく，なん案かの符号化について適否を調べていきましょう．前節の〔第1案〕は，符号の境めが読みとれないという致命的な欠陥がありましたから，検討の俎上に乗せる必要もなさそうです．

前節〔第2案〕は，符号を2つずつ区切って受信してくれさえすれば，長さ1の符号で1ビットを運んでくれ，それは〔第3案〕や〔第4案〕より優れていましたから，これは，今回も試してみる必要がありそうです．そこで

$$\left.\begin{array}{l} \alpha \text{ を } 00 \\ \beta \text{ を } 01 \\ \gamma \text{ を } 10 \\ \delta \text{ を } 11 \end{array}\right\} \text{(5.5)と同じ}$$

と符号化したときの情報伝達能力を求めてみましょう．

$\alpha, \beta, \gamma, \delta$ の出現確率は異なりますが，どの文字であろうと符号化すれば

$$\text{符号の長さの平均は } 2 \quad (5.16)$$

です．いっぽう，この4種の符号が2ビットをもつことは前節のときと同じですから，長さが1の符号がもつエントロピーは

$$2/2 = 1 \text{ ビット} \quad (5.17)$$

で，式(5.7)のときと同様に好成績です．ただし，雑音に対する脆弱さは，こんども同じです．

つづいて，前節で評価が高かった〔第4案〕を適用してみましょう．こんどは，4種の符号の長さが異なるので，文字と符号の組合せ方が大きな意味を持ちます．私たちは

α(確率 0.4) を *0*
β(確率 0.3) を *0 1*
γ(確率 0.2) を *0 1 1*
δ(確率 0.1) を *0 1 1 1* (5.18)

と符号化することにしましょう．出現確率が大きい文字には短い符号を，出現確率の小さい文字にはなるべく長い符号をあてがうのが，符号の平均的な長さを短くするのに有利であることは，直感的に察しがつくからです．計算してみると

$$\text{符号の長さの平均} = 1\times 0.4 + 2\times 0.3 + 3\times 0.2 + 4\times 0.1$$
$$= 2 \quad (5.19)$$

となります．したがって，長さが1の符号のもつエントロピーは

$$2/2 = 1 \text{ ビット} \quad (5.20)$$

です．この値は〔第2案〕の式(5.17)と同じですが，符号の境めが明確で，なんの紛れもありませんから，ここまでのいくつかのケースの中で，もっとも優れた符号化と称えることができます．

なお，式(5.18)のように，文字の出現確率に応じて長さの異なる符号を割り当て，全体の符号の長さを短縮しようとする方法は，**可変長符号化**またはエントロピー符号化と呼ばれています．また，情報をなるべく短い通信文に圧縮しようという考え方を**データ圧縮**と通称しています．

〔**クイズ**〕 式(5.18)とは逆に，αを *0111*，βを *011*，γを *01*，δを *0* と符号化すると，式(5.19)と式(5.20)に相当する値はいくらになるでしょうか．答は脚注にあります．*

---

* 〔**クイズの答**〕符号の長さの平均は3，長さが1の符号のエントロピーは2/3です．思ったほど性能が低下しないものですね．

ハフマン符号化

3つ以上の文字で表わされる情報を，*0* と *1* だけを並べた符号に直して効率よく通信するためには，符号の長さを確率的になるべく短くするとともに，元の文字に対応する符号の境めがまちがいなく識別できるようにする必要があるのでした．前節までに，いくつかの例題について，その勘どころを探ってきましたが，この節では，**ハフマン符号化**と呼ばれている方法をご紹介しようと思います．[*]

題材としては，実用されている言語では文字の数が多すぎて取扱いが煩雑なので，表5.1のような，たった7文字の架空の言語を使いましょう．各文字の出現確率は，表中の値のとおりです．

まず，符号の与え方の手順を追っていただきます．図5.2の左半分を見てください．7つの文字が出現確率の大きい順に並べてあります．まず，これらのうちもっとも小さい2つの値，$\zeta(0.05)$ と $\eta(0.03)$ を1つにまとめて，合計の値 0.08 を書きます．つぎに $\zeta+\eta(0.08)$ を含む6つの値のうちもっとも小さい2つの値，$\zeta+\eta(0.08)$ と $\varepsilon(0.10)$ とをいっしょにまとめて，合計の値 0.18 を書きます．つづいて，$\zeta+\eta+\varepsilon(0.18)$ を含む5つの値のうちもっとも小さな $\gamma(0.15)$ と $\delta(0.12)$ をくくって，合計の値 0.27 を表示します．

同様に，残された $\alpha(0.30)$ と $\beta(0.25)$ と

表5.1 言語のモデル

文字	出現確率
α	0.30
β	0.25
γ	0.15
δ	0.12
ε	0.10
ζ	0.05
η	0.03

---

[*] ハフマン符号化は，JPEG や ZIP などの圧縮フォーマットで使用されています．

第5章 情報の符号化

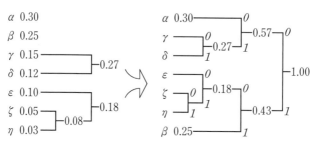

図 5.2 符号の木を見る

$\gamma+\delta$ (0.27) と $\varepsilon+\zeta+\eta$ (0.18) とを較べると，β と $\varepsilon+\zeta+\eta$ が小さい 2 つなので，これをくくらなければなりません．β を $(\varepsilon+\zeta+\eta)$ の隣へ移してくくると図 5.2 の右半分のようになります．この図では，さらに，$(\gamma+\delta)$ と α をまとめ，最後に，$(\alpha+\gamma+\delta)$ と $(\varepsilon+\zeta+\eta+\beta)$ をくくって全体を 1 つにまとめてあります．

こうして完成した樹型図(英語でも tree といいます)に，枝分れするごとに *0* と *1* を書き込んでください．そして，右から左へと枝分れを辿って *0* と *1* を読みとっていくと，それが各文字に与えられる符号になります．たとえば，α は *00*, γ は *010* というようにです．

表 5.2 をごらんください．以上のような作業によって，私たちは 7 つの文字に *0* と *1* による符号を与えたのですが，この符号化の性能を調べてみましょうか．

まず，符号の平均の長さは，表の中で計算してあるように

$$\text{符号の平均の長さ}=2.53 \tag{5.21}$$

です．いっぽう，この 7 文字のエントロピーを計算してみると

$$0.3 \log \frac{1}{0.3} + 0.25 \log \frac{1}{0.25} + \cdots$$

表5.2 符号化とその効果

文字	符号	符号の長さ	出現確率	積
α	*00*	2	0.30	0.60
β	*11*	2	0.25	0.50
γ	*010*	3	0.15	0.45
δ	*011*	3	0.12	0.36
ε	*100*	3	0.10	0.30
ζ	*1010*	4	0.05	0.20
η	*1011*	4	0.03	0.12
			平均符号長＝計	2.53

$$\cdots + 0.03 \log \frac{1}{0.03} \fallingdotseq 2.50 \text{ ビット} \tag{5.22}$$

です．0と1とで送れる情報量は1桁あたり1ビットですから，2.50ビットを送るには，どれだけ効率よく符号化しても，平均して2.50の長さが必要なはずです．したがって，私たちの符号化による平均の長さが2.53という値は，ほぼ万点に近い成績といえるでしょう．

いっぽう，符号の境めの識別については，どうでしょうか．こちらも，だいじょうぶです．受信者にあらかじめ図5.3のような，符号の木のスケルトンを送っておいてください．もちろん，枝分かれのたびに付与される0と1を明記してです．この図は，図5.2と左右反対に描いてありますが，それは，0と1の並び方を符号に合わせて左から右にしただけで，他意はありません．

受信者側は，送られてきた符号を頭からこのスケルトンと照合しながら復元していきます．たとえば

$$0\ 0\ 0\ 1\ 1\ 1\ 0\ 1\ 0\ 1\ 1 \cdots\cdots \tag{5.23}$$

第5章　情報の符号化

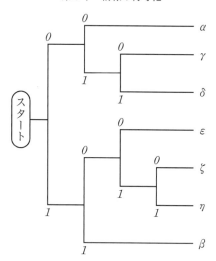

図5.3　符号の木のスケルトン

という符号が送られてきたとしましょうか．まず，00 ときたところで，それが α であることを知ります．スケルトンの 00 を辿ると，そこは終点の α だからです．つづく符号は $01110\cdots$ ですが，スケルトンでこの符号を辿れば 011 で終点の δ に到着します．以下，同じようにして

$$\underbrace{0\,0}_{\alpha}\underbrace{0\,1\,1}_{\delta}\underbrace{1\,0\,1\,0}_{\zeta}\underbrace{1\,1}_{\beta} \tag{5.24}$$

と，復元が終わります．この作業で重要なことは，符号の照合は毎回，スタートから 0 と 1 を辿って，途中で止めることなく，必ず終点の文字まで到着させることです．そうすれば，符号の境めが紛らわしいことなど，起こるはずはありません．

こうして，ハフマン符号化は，効率の点から見ても，符号の境め

の識別という点から見ても，優れた方法であることがわかります.*
しかしながら，このままで雑音対策も完璧かというと，そうでもありません．かりに

$$\underbrace{00}_{\alpha}\underbrace{011}_{\delta}\underbrace{1101}_{\zeta}\underbrace{011}_{\beta} \tag{5.25}$$

のうち，3番めの0が1に変ってしまったとしたら

$$\underbrace{00}_{\alpha}\underbrace{111}_{\beta}\underbrace{11}_{\beta}\underbrace{101}_{\gamma}\underbrace{011}_{\beta} \tag{5.26}$$

のように誤った文章が通信されてしまいます．雑音対策としては，もう一段の配慮が望まれるようです．

なお，符号の木の作り方については，このほか，**シャノン・ファノ符号化**として，図5.4の手順を紹介している文献も少なくありません．

図5.4の手順は，つぎのとおりです．まず，出現確率の大きい順に文字を並べます．つぎに，確率の合計がほぼ等しくなるように文字を2つのグループに分けます．私たちの例では，αとβとで0.55ですし，γ以下の5文字の合計が0.45なので，αとβのグループと$\gamma \sim \eta$のグループに2分しましょう．

αとβは2つだけでグループを作っていますから，図のようにくくってください．$\gamma \sim \eta$のグループには5文字が含まれているので，再度，確率の合計がなるべく等しくなるように2つのグループに分けます．そうすると，γとδのグループとεとζとηのグルー

---

* ハフマン符号化が優秀であることの証明が，『情報理論　基礎と広がり』，山本・古賀・有村・岩本訳(共立出版，2012年)の90ページに紹介されています．

第5章　情報の符号化

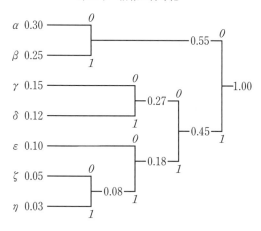

図5.4　こういう手もある

プに分かれるでしょう．γ と δ はいっしょにくくり，ε と ζ と η のグループの中では，さらに ζ と η がくくられることになり，結局，図5.4のような樹形図が完成します．

最後に，樹形図の枝分れのたびに *0* と *1* を付与すれば，符号の木が完成です．この樹によれば

　　　α は *00*,　　β は *01*,　　γ は *100*,　　δ は *101*

　　　ε は *110*,　　ζ は *1110*,　　η は *1111*

と符号化されることになります．この符号は，図5.2で求めた符号とは異なりますが，いまの例では符号の長さが同じですから，符号の性能は同じです．

モールス符号を採点すれば

2000年8月，ロシアの北のバレンツ海で，ロシアの原子力潜水艦クルスクが爆発事故を起こして水深108 mの海底に沈没し，118人の乗組員が全員死亡しました．そのとき，艦内にとじ込められた乗組員が必死に船体を内側から叩き，モールス符号で「水が迫ってくる，空気を送ってくれ」と訴えていたというニュースが，事故の悲惨さをきわ立たせていました．

モールス符号は，電流や光や音などを断続させて情報を伝えるための符号で，以前は，通信や情報にたずさわる人たちにとっては必須の素養でした．いまでは，各種の通信技術が普及したため，モールス符号を使って通信することはなくなりました．それでも，自船の状態を他船に知らせたり，灯台の識別のためなどに，今でも実用されているようです．

ともあれ，モールス符号による通信は，原始的だけど，しかし原始的だからこそ，最後の手段としては役に立ちます．映画「インディペンデンス・デイ」で使われてたことを覚えている方も多いでしょう．SOS(助けてくれ)が

$$- - - \quad — — — \quad - - -$$

くらいは覚えておくほうが，いいでしょう．

Sが- - -，Oが— — —というのは，ローマ字に与えられている符号であり，日本でもかな文字に対応した符号が決められていて

  - —(イ：伊藤)， - - - -(ロ：路上歩行)

  — - - -(ハ：ハーモニカ)， — - - -(ニ：入費増加)

などと，ごろ合わせをして覚えたものでした．

第5章　情報の符号化

この節では，情報通信のための符号化という見地から，モールス符号の性能を調べてみようと思います．日本語は文字の数が多くてめんどうなので，欧文のほうを題材にすることに，ご賛同いただきます．

ご賛同いただいたものとして，26個のローマ字についてのモールス符号を表5.3に載せておきました．実は，このほかに

表5.3　ローマ字用モールス符号

A ・—	N —・
B —・・・	O ———
C —・—・	P ・——・
D —・・	Q ——・—
E ・	R ・—・
F ・・—・	S ・・・
G ——・	T —
H ・・・・	U ・・—
I ・・	V ・・・—
J ・———	W ・——
K —・—	X —・・—
L ・—・・	Y —・——
M ——	Z ——・・

も，0〜9の数字，（　）や？などの記号，通信開始とか了解などの慣用語などにも符号が与えられているのですが，それらは和文用のモールス符号とともに，巻末の付録(3)に回しました．

さて，表5.3を見ていただくと，すべての符号は短点(dot)と長点(dash)とスペースから成っています．そして

(1)　長点の長さは短点の3倍

(2)　1字の中の各スペースは短点の長さと同じ

(3)　字と字の間のスペースは長点の長さと同じ

(4)　語と語の間のスペースは短点の長さの7倍

と決められています．

それでは，モールス符号の性能を効率的な符号化という観点から調べていきましょう．効率的というからには，出現確率の大きい文字ほど，短い符号が割り当てられていなければなりません．そのためには，英文におけるローマ字の出現率を知りたいのですが，英文

表 5.4 英文におけるローマ字の出現率

文字	出現確率	文字	出現確率
スペース*	0.193	U	0.021
E	0.104	M	0.020
T	0.080	Y	0.016
A	0.065	G	0.016
O	0.064	P	0.016
N	0.057	W	0.015
R	0.053	B	0.012
I	0.053	V	0.008
S	0.050	K	0.004
H	0.044	X	0.002
D	0.031	J	0.001
L	0.029	Q	0.001
F	0.023	Z	0.001
C	0.023	計	1.000

＊語と語の間のスペース

とひとことに言っても，時代や内容や読者対象などによってかなりの差があり，いくつもの調査結果が公表されてはいるものの，どれを採っていいのか判断がつきません．仕方がないので，手元にある5つの調査結果をほぼ平均した値を表5.4にまとめました．当たらずとも遠からずの，これらの値を使って作業をすすめることにご同意ください．

では，ごみごみした作業をすすめます．まず，短点と長点を組み合わせて，なるべく短い符号が，どのくらい作られるかを調べます．すみませんが，細かい数字がぎっしり並んだ辛気くさい表5.5を見ていただけますか．

左の端に短点と長点とでできる符号を短い順に並べてあります．こんどは表5.3のときと異なり，短点を・にしてあります．このほうが見やすいし，「トントンツートン」などのモールス符号の口調とも合うからです．ただし，符号の長さの測り方については前ページの(1)と(2)に従うことはもちろんです．

まず，いちばん短い符号は・で，その長さを1とします．長さが

表5.5 モールス符号の効率を上げてみよう

符号	長さ	個数	現状			効率向上案		
			文字	確率	確率×(長さ+3)	文字	確率	確率×(長さ+3)
・	1	1	E	0.104	0.416	E	0.104	0.416
・・	3	2	I	0.053	0.318	T	0.080	0.480
－			T	0.080	0.480	A	0.065	0.390
・・・	5	3	S	0.050	0.400	O	0.064	0.512
・－			A	0.065	0.520	N	0.057	0.456
－・			N	0.057	0.456	R	0.053	0.424
・・・・	7	5	H	0.044	0.440	I	0.053	0.530
・・－			U	0.021	0.210	S	0.050	0.500
・－・			R	0.053	0.530	H	0.044	0.440
－・・			D	0.031	0.310	D	0.031	0.310
－－			M	0.020	0.200	L	0.029	0.290
・・・・・	9	8						
・・・－			V	0.008	0.096	F	0.023	0.276
・・－・			F	0.023	0.276	C	0.023	0.276
・－・・			L	0.029	0.348	U	0.021	0.252
－・・・			B	0.012	0.144	M	0.020	0.240
－－・			G	0.016	0.192	Y	0.016	0.192
－・－			K	0.004	0.048	G	0.016	0.192
・－－			W	0.015	0.180	P	0.016	0.192
・・・・・・	11	13						
・・・・－								
・・・－・								
・・－・・								
・－・・・								
－・・・・								
・・－－								
・－－・			P	0.016	0.224	W	0.015	0.210
・－・－								
－・・－			X	0.002	0.028	B	0.012	0.168
－・－・			C	0.023	0.322	V	0.008	0.112
－－・・			Z	0.001	0.014	K	0.004	0.056
－－－			O	0.064	0.896	X	0.002	0.028
・－－－	13		J	0.001	0.014	J	0.001	0.014
－－・－			Q	0.001	0.014	Q	0.001	0.014
－・－－			Y	0.016	0.224	Z	0.001	0.014
語と語のスペース	4			0.193	0.772		0.193	0.772
合 計					8.072			7.756

1の符号の個数は，この1個だけです．

つぎに短い符号は「・・」と「−」です．「・・」のほうは・の長さが2つと，・と長さが等しいスペースが1つありますから，合計の長さは3です．「−」のほうは前ページの(1)によって，長さは3に決まっています．

以下，・と−の組合せでできる符号を丹念に調べていくと，符号の長さは1，3，5，7，9，…と奇数だけであることがわかります．そして，おもしろいのは個数のほうです．長さ1の符号は1個，長さ3の符号は2個，長さ5の符号は3個，…と，個数が

$$1, 2, 3, 5, 8, 13, \cdots \tag{5.27}$$

というように，**フィボナッチ数列**を作っているではありませんか．おもしろいところに不思議な数列が出てくるものですね．*

さて，現在のモールス符号のルールでは，これらの符号に対して，E，I，T，S，A，…という順序で26個のアルファベットが割り当てられています．途中，割り当てが欠けていることもありますが，そこには

　　・・・・・ には　5，　　　・・・・− には　4

　　・・・・− ・ には　了解，　・−・・・ には　可待（Stand-by）

などの数字や符丁が割り当てられていますし，これらの使用ひん度のデータもないので，私たちの作業では残念ながら考慮外とするほ

---

* フィボナッチ数列は，正確には，一般項の値が直前の2つの項の和になっている数列(1, 1, 2, 3, 5, 8, 13, …)を指し，自然界と不思議なつながりのある数列として知られています．なお，モールス符号の個数がフィボナッチ数列となることについては，この本と同じシリーズの『数列と級数のはなし』の中で，著者の鷹尾洋保氏が鮮やかに証明しています．

第5章 情報の符号化

かありません．

作業をつづけます．E，I，T，S，…と並んだ26個の文字の右側に，表5.4の出現確率を転記してください．そして，その値に「符号の長さ＋3」を掛け合せてください．なぜ「符号の長さ＋3」かというと，その理由は，つぎのとおりです．

たとえば，I AM A DOG をモールス符号で書くと

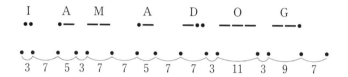

というぐあいになります．これらの長さを観察してみてください．文字を表わすどの符号にも，符号のあとには必ずスペースを伴います．スペースの長さは，他の符号がつづく場合は129ページ(3)によって3であり，単語の切れめが後につづくときは(4)によって7です．そして，モールス符号の効率を考えるときには，これらのスペースに費やされる長さも計算に入れる必要があることはもちろんです．そこで

   符号の長さには　3を加える

   語と語の間のスペースは　4とする

ことにしましょう．語と語の間のスペースは，7から前の符号に加算された3を差し引いて4とするのです．

こういうわけで，文字の出現確率に「符号の長さ＋3」を掛け合わせた値が，26文字について列記されています．ただし，「語と語のスペース」については，前記の理由で，3を加えずに掛け算をし

てあります．こうしてできた 27 個の値を合計すると

$$8.072 \qquad (5.28)$$

となりますが，この値はなにを意味するでしょうか．これは，十分に長い英文を現在のモールス符号で書いたときに，1 文字あたりの符号が占める平均の長さを示しています．スペースの長さも公平に分担してです．だから，この値はモールス符号の性能を評価するのに打ってつけの値です．

ただし，評価するためには基準になる値がなければなりません．そこで，出現確率の大きな文字には短い符号を割り当てるというような知恵がなく，まったくランダムに文字と符号が組み合わせられたときの，符号の平均的な長さを求めて，基準としましょう．ただし，「語と語のスペース」については，光や音によるモールス通信を五感によって読みとりやすくするために作られたスペースですから，他の符号と入れ替えることは考えないものとします．

このような基準の値は，26 個の文字の出現確率がすべて等しいとみなして計算すれば求まるはずです．その確率は

$$(1-0.193)/26 = 0.031 \qquad (5.29)$$

ですから，この値を表 5.5 の確率のところに入れて合計を求めると

$$9.835 \qquad (5.30)$$

になります．これが，なんの知恵も働かせずに符号化したときの符号の平均的な長さです．

式 (5.28) と式 (5.30) の値を較べてみてください．モールス符号では，使用頻度の多そうな文字に短めの符号を割り当てるよう配慮することによって，送信される符号の平均的な長さを

9.835　から　8.072　へ　約 18%

ほど圧縮していることがわかりました．これによって通信に要する時間も約18%減るのですから，相当な成果といえるでしょう．

モールス符号は1837年に考案されたといわれています．それは，情報理論が芽生えるより100年以上も昔で，たぶん符号化という概念さえなかった頃でしょうから，このような方法で通信時間を節約したのは，たいへんなけい眼だったにちがいないと尊敬してしまいます．

いまでは，出現確率の大きい文字から順に短い符号を割り当てれば効率よく符号化できることが知られているし，また，英語の文字の出現確率も調べられていますから，モールス符号の割り当てを最適にするのはわけもありません．やってみましょう．

表5.5の右側にある「効率向上案」の欄が，その作業の一部始終です．現在のモールス符号で文字を割り付けられている符号だけを使うという前提で，符号が短い上のほうから順にE，T，A，O，…と，表5.4の順序どおりにローマ字を割り付けます．あとは「現状」の欄と同様に，確率と「符号の長さ＋3」とを掛け合わせて合計するだけです．その値は

$$7.756 \tag{5.31}$$

となりました．これが，最新の知識をせいいっぱい生かして符号化したときの，符号の平均的な長さです．これ以上に効率的な符号化をめざすなら，文字以外の数字や符丁も含めて考えなければなりません．

以上を整理すると，符号の平均的な長さは

知恵を働かさないとき　　　9.835　　(5.30)と同じ

モールス符号	8.072	(5.28)と同じ
せいいっぱい知恵を働かすと	7.756	(5.31)と同じ

ということです．かりに，9.835 が 0 点，7.756 が 100 点とすると，モールス符号の点数は

$$\frac{9.835-8.072}{9.835-7.756}\times 100 = 85 \text{点} \tag{5.32}$$

というところでしょう．やっぱり，尊敬してしまいますね．

余談になりますが，近年，目や耳の不自由な方のコミュニケーションツールとして，モールス符号の利用が研究されているそうです．

〔**クイズ**〕 モールス符号のKとOを入れ替えると，どのくらい符号の平均的な長さが縮まるでしょうか．また，どうしてKとOを入れ替える気になったのでしょうか．答は脚注．[*]

路傍のテクニック

この章では，情報の *0* と *1* の信号やモールス信号などで通信するとき，なるべく通信の効率が高くなるように情報を符号化する方法をご紹介してきました．そして，そのコツは，出現確率の大きな文

---

* 〔**クイズの答**〕 Kのところが $0.004\times 14=0.056$ に変わるので 0.008 だけ損．Oのところが $0.064\times 12=0.768$ に変わるので 0.128 の得．差引き 0.120 だけ得をするので，平均長さは，0.120 だけ縮まって，7.952 になります．点数は約 91 点に上昇します．また，KとOを入れ替える気になったのは，表 5.5 の確率×(長さ+3)の値を見ればわかるように，確率の大きなOに長い符号が与えられて大損をしているので，確率が小さい割に短い符号が与えられているKと交換して，それを緩和しようとしたわけです．

第5章　情報の符号化

字ほど，なるべく短い符号に変換することでした．文字の境めが正しく伝わるように配慮しながら，です．

このような符号化の方法は，情報理論の中でも主要な地位を占めていて，しっかりした理論構成ができています．ところが，そのようにりっぱな理論が確立されると，その理論の傍にある小さな知恵が見過ごされたりしかねません．まさに，路傍の石です．そこで，この節では，通信の効率化に関する小さな路傍の石を拾って，その戒めにしようと思います．

ある分校に200人の生徒がいます．毎朝，生徒の出欠を本校に報告しなければなりません．そこで，生徒の名簿順に，出席は1，欠席は0と符号化して

$1 1 1 0 1 1 1 1 0 0 1 1 1$ ……

というように，200個の符号を並べて報告していると思ってください．はて，この符号化の効率を，もっと向上させる名案はないものでしょうか．

生徒のひとりひとりにとっては，出席か欠席しかありません．だから，それを報告するには1ビットが必要です．1ビットを1か0とだけで表わすには，どうしても1個を必要とします．それなら，200人ぶんの情報200ビットを送るには200個の符号を必要とするのは当り前で，1と0以外の符号が使えないとすれば，これ以上，符号の効率を上げるのは不可能と考えられがちです．

しかし，ここで路傍の知恵です．特殊な場合を除いて，欠席者の数は全生徒数よりずっと少ないのがふつうです．それなら，全生徒について出欠の情報を送るより，欠席者の番号だけを送り，それ以外の生徒は出席と判断してもらえば，いいではありませんか．

まず,全生徒に背番号をつけましょう.*1*と*0*を8つ並べれば
$$2^8 = 256 \tag{5.33}$$
ですから,256人ぶんの背番号ができ,全員に配分するのにじゅうぶんです.こうしておいて,欠席者だけの背番号を送ることにすれば,欠席者が10人いても80個の*1*か*0*を送ればすむし,欠席者が20人もいる場合でも,160個の信号を送れば足ります.そして,欠席者が25人のとき,つまり,欠席率が1/8のときが,この符号化の損得の分岐点です.いかがでしょうか.うっかりすると見逃しそうな知恵ではありませんか.

この本は『情報数学のはなし』です.その面子にかけて,この知恵を数学で裏打ちしておこうと思います.ちょっとおもしろい結論が期待できますから,ぜひ,お付合いください.

(1) n人の生徒がいます.出席を*1*,欠席を*0*の符号で全員の出欠を送信するには,n個の符号が必要です.

(2) 欠席率をpとすれば,平均的にはnp人の背番号を送ればいい.

(3) n人に*1*と*0*で背番号をつけるために必要な符号の数をK(Kは正の整数)とすると
$$2^K \geq n \tag{5.34}$$
$$\therefore \quad K \geq \log_2 n \tag{5.35}$$
となる必要があります.

(4) np人の背番号を送るにはKnp個の符号を使うから
$$Knp \leq n \tag{5.36}$$
すなわち $p \leq 1/K$ (5.37)
のときには,背番号で送信するほうがお得.

という結論になります．いかがでしょうか．ずいぶん簡明な結論ではありませんか．

簡明な結論ではありますが，私たちが直面する現実の問題では，p だけがわかっていて K を求めるとか，逆に，K を知っていて p を求めたいとかいう場合はまずありません．多くの場合は n と p を知っていて K を求め，それがお得な範囲にあるか否かを判断したいのが，ふつうでしょう．

その場合は，式(5.34)を満足する，なるべく小さな K を求め，つづいて，式(5.37)によって判定を下してください．この節の例題で，まず式(5.33)で8を求め，その結果として欠席率 p が1/8のところに，この符号化の損益分岐点があると知ったようにです．

なお，お詫びをひとつ……，137ページに「生徒のひとりひとりにとっては，出席か欠席しかありません．だから，それを報告するには1ビットが必要です」と書きましたが，それは正しくありません．欠席の確率が1/2でなければ，その情報量は1ビットより小さいことは第2章で見ていただいたとおりです．話をおもしろくするためとはいえ，小さなうそをついて，ごめんなさい．

第 6 章

誤りの検知と訂正
── そして,自浄機能を備える ──

誤りがあるときの情報量

私たちは,2羽の兎を追っている最中でした.前の章では,情報をできるだけ効率的に通信するための符号化を追求してきました.それが1羽の兎です.こんどは,通信の誤り防止という兎を追いかけようと思います.これが,2羽めの兎です.

ふつうなら,効率化と誤り防止は「あちらを立てれば,こちらが立たず」のせつない関係にあるのですが,ほどほどに両方を立ててみようと思います.もっとも,「あちらを立てれば,こちらが立たず」には「両方立てれば,この身がもたぬ」とつづきますから,私たちの身が最後までもつだろうかと一抹の不安もありますが…….

まず,一般的に,誤りが発生するとどのくらい情報量を損するのかを調べておきましょう.誤りの発生の仕方にはいろいろなパターンが考えられ,極端な場合には,1 と発信しても 0 と発信しても受信者にはすべて 1(あるいは 0)となって着信するような「故障」

第6章　誤りの検知と訂正

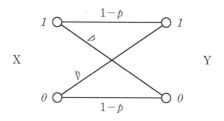

図6.1　pの確率で誤りが発生

もあるかもしれません．しかし，ここでは，現実にもっとも起こりやすいパターンとして図6.1のような誤りの発生を想定しましょう．

図には，X(送信者)側からY(受信者)側へ 1 と 0 とで情報が送られる場合の，誤り発生の有様を描いてあります．p は，誤りの発生率です．すなわち，X側が 1 と送信した情報は，Y側では p の確率で 0 と誤って受信され，また，$1-p$ の確率で 1 と正しく受信されます．同様に，X側から 0 と送信された情報は，Y側には p の確率で 1 と，また，$1-p$ の確率で 0 と受信されるとの想定です．なお，X側からは 1 と 0 を $1/2$ ずつの確率で送信するとしましょう．

かりに，X側から単位時間(1秒としましょう)に1回ずつ 1 と 0 とが等しい確率で送信され，それが誤りなくYに届くなら，1秒ごとに1ビットの情報が通信路を流れることは，前章の式(5.2)や式(5.3)を見るまでもなく明らかです．それでは，送信された 1 と 0 とが図6.1のような誤りを伴う場合には，XからYへ流れる情報量はいくらでしょうか．

情報を受け取るYの立場で考えていきましょう．Yは，Xから 1 と 0 とで情報が送られてくることと，1 と 0 の確率が $1/2$ ずつで

あることを知っていますから，あらかじめ1符号あたり1ビットの情報量を持っています．

そのとき，Xが *1* と送信したとしましょう．そうすると

① Yは $\begin{cases} 1-p \text{ の確率で} & 1 \\ p \text{ の確率で} & 0 \end{cases}$

と受信するはずですから，その情報量(エントロピー)は

$$(1-p)\log\frac{1}{1-p}+p\log\frac{1}{p} \tag{6.1}$$

です．いっぽう，Xが *1* ではなく，*0* を送信したとすれば

② Yは $\begin{cases} p \text{ の確率で} & 1 \\ 1-p \text{ の確率で} & 0 \end{cases}$

と受信しますから，その情報量は

$$p\log\frac{1}{p}+(1-p)\log\frac{1}{1-p} \tag{6.2}$$

であり，これは式(6.1)と同じ値です．そして，私たちは①と②が1/2ずつの割合で起こる場合を想定しているのですから，Xが送信したとたんにYの持っている情報量が

$$\frac{1}{2}\text{式}(6.1)+\frac{1}{2}\text{式}(6.2)$$
$$=(1-p)\log\frac{1}{1-p}+p\log\frac{1}{p} \tag{6.3}$$

に変わったことを意味します．

そうすると，Yはあらかじめ1ビットの情報を持っていたのですから，Yが受け取った情報の量は

$$1-\left\{(1-p)\log\frac{1}{1-p}+p\log\frac{1}{p}\right\} \tag{6.4}$$

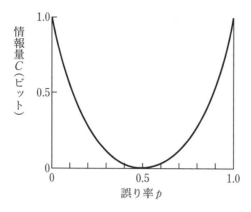

図6.2 誤り率と情報量

ということになります.*

そうは言っても，このままでは実感が伴いません．そこで，pを0から1へ変化させながら，XからYに伝わる情報量Cのグラフを描いてみました．それが，図6.2です．

図を見ていただきましょう．pがゼロのところは，雑音による誤りがまったくないので，Yがあらかじめ期待していたとおり，1ビットの情報が伝達されます．pが0.5のところでは，1と0のどちらが送信されても，それとは無関係に1か0が受信されるのですから，なんの情報も伝わりません．だから，情報量はゼロです．

さらにpが大きくなって1になると，すべての信号が反対になるのだから情報はゼロになると思われ勝ちですが，そうではありません．すべての信号を反対に読みとりさえすれば完璧に情報が伝わ

---

* このあたりの筋書きは**条件付きエントロピー**の概念を使うほうがすっきりするのですが，そうすると観念的な記号が多くなるので止めました．

るのですから、情報量は送信元と同じく1ビットです。この事情は、29ページ図2.1に描かれたエントロピーの変化とよく似ているではありませんか。

なお、図6.1のような通信路は、**2元対称通信路**(binary symmetric channel, BSCと略す)と呼ばれ、この通信路の**通信容量**(114ページ)は、式(6.4)で表わされるという次第です。

パリティチェックで誤りを発見

前節では、雑音によって生じる誤りが情報量にどのような悪さをするかを調べてきました。そして、一応の成果は得たのですが、そんな悪さをする誤りを発見したり、訂正をするための具体的なテクニックのほうに、より強い関心を抱かれる方も少なくないと思われます。そこで、さっそく「誤り発見術」といきましょう。

誤り発見術といえば、なにはともあれ、パリティチェックです。簡単で理屈がわかりやすく、効率の低下も少なく、誤りの発見率が高いなど、いいことづくめです。

さっそく、表6.1を見てください。AからJまでの10文字を *1* と *0* に符号化して送信しようと思います。文字が10個なので、符号は3桁では足りず、どうして

表6.1 パリティビットを追加

送る文字	符号化	パリティビット
A	*0000*	*0*
B	*0001*	*1*
C	*0010*	*1*
D	*0011*	*0*
E	*0100*	*1*
F	*0101*	*0*
G	*0110*	*0*
H	*0111*	*1*
I	*1000*	*1*
J	*1001*	*0*

も4桁が必要です。そこで、表の符号化の欄のように、二進法による4桁の符号を10個の文字に割り当てました。ここまでは、なんの変哲もありません。

問題は、このあとです。これらの符号が常に正しく送受信されればなんの問題もありませんが、110ページの図5.1のように、通信路はいつも雑音に晒されていますから、たとえ小さな確率とはいえ、符号が誤って伝えられてしまうことがあります。そうすると、どのようなことが起こるでしょうか。

たとえば、Cを符号化して*0010*と送ったところ、1箇所だけ誤りが起こったまま受信された場合を考えてみてください。受信者側では

0011　Dと受け取る
0000　Aと受け取る
0110　Gと受け取る
1010　誤りに気づく

と、なるにちがいありません。このうち、*1010*と受信された場合については、*1010*に該当する文字がないため誤りに気がつくのですが、それ以外は、まちがっていることにさえ気がつきませんから、いっそう始末が悪いのです。

脇道にそれますが、いまの例では、*1*と*0*の4桁で$2^4=16$個の文字に対応できるにもかかわらず、文字は10個しかありませんから、符号の冗長度が17%だけあります。＊ だから、誤りに気がつくことも気がつかないことも起こります。しかし、*1*と*0*の4桁で

＊　$\dfrac{\log_2 16 - \log_2 10}{\log_2 16} \fallingdotseq 0.17$　です。(88ページ参照)

16個の文字に対応させている場合には、誤った符号列(**符号語**ともいいます)にも該当する文字がありますから、誤りが発生していることにさえ気がつかないでしょう.

　本筋に戻ります. そこで、誤りが生じていれば必ず気がつくためのくふうをします. 表6.1のように、4桁の符号につづけて5桁めに *1* か *0* かを付け加えて、5桁の中に含まれる *1* の数を偶数(0を含む)にしてください. こうしておいて5桁の符号を送信すると、誤りが発生していれば *1* の数が奇数になって着信するので、受信者は誤りに気がつき、送信し直すよう要請することができるでしょう. 簡単な割には、役に立ちそうな着想ではありませんか.

　こういう目的で付け加えられた *1* か *0* の符号を**パリティビット**といいます. そして、パリティビットを追加することによって誤りの有無を検査することを、**パリティ検査**(パリティチェック)といいます. また、符号に含まれる *1* の数(あるいは、*0* の数)を偶数と決めても奇数と決めても同じ効果が得られますが、偶数としたときを**偶数パリティ**、奇数としたときを**奇数パリティ**と呼びならわされています. なお、パリティ(parity)は均等とか平衡を意味する単語ですが、数学では整数を偶数と奇数に分類することを指すそうです.

　パリティビットを付け加えれば、符号の長さが増加しますから、明らかに符号の効率は低下します. いまの例では、4桁が5桁になるのですから、無視できない効率の低下です. ところが、もっと桁数が多くなっても付け加えるパリティビットは1桁にすぎませんから、桁数が多くなるにつれて、効率が低下する割合は減少する理屈です.

　それよりも、もっと気になることがあります. その1つめは、符

号語の中で符号が1個だけ誤っている場合はパリティチェックにひっかかるけれど、2個の符号が誤っていると見逃されてしまうではないか、という点です。そして2つめは、パリティビットそのものが間違ったら、元も子もないのではないか、という点です。

まず、1つめの「2個の符号が誤っている場合」について検討してみましょう。結論をいえば、2個の符号が誤っているとパリティチェックでは発見できません。けれども、その確率は1個の符号が誤っている場合に較べて小さいので、パリティチェックの有用性はゆるがない、というところなのですが、もう少し数理的に調べていきましょう。

1 と 0 が n 個並んだ符号語があり、個々の符号が誤っている確率を p とします。そうすると

$$n 個の符号がすべて正しい確率 = (1-p)^n \tag{6.5}$$

$$1 個だけ誤る確率 = n(1-p)^{n-1} \cdot p \tag{6.6}$$

誤っている符号の数 ——
$n-1$ 個が正しい確率 —— —— 1個が誤る確率

$$2 個だけ誤る確率 = \frac{n(n-1)}{2}(1-p)^{n-2} \cdot p^2 \tag{6.7}$$

誤っている2つの符号の組合せの数* ——

です。3個以上も誤る確率は、あとで触れるように、無視できるほ

---

* n 個から r 個を取り出す組合せの数は $_nC_r = \dfrac{n!}{r!(n-r)!}$ であり、r が2なら $\dfrac{n!}{2(n-2)!} = \dfrac{n(n-1)}{2}$ です。

ど小さいので省略します．そうすると

$$\frac{2 個誤る確率}{1 個誤る確率} = \frac{n(n-1)(1-p)^{n-2}p^2}{2n(1-p)^{n-1}p}$$

$$= \frac{(n-1)p}{2(1-p)} \tag{6.8}$$

となります．

この値は，一般に，かなり小さい値です．どのくらい小さいかは n と p の値によりますが，ふつうは

  n は 数個から 100 個くらい

  p は 10^{-3} より小さい

ことが多そうですから，かりに，n が 8（8 ビット＝1 バイトで入力することが多いから），p が 10^{-3} として式(6.8)の値を計算してみると

$$\frac{2 個誤る確率}{1 個誤る確率} = \frac{(8-1) \times 10^{-3}}{2(1-10^{-3})} \fallingdotseq 0.0035 \tag{6.9}$$

くらいの値です．こうしてみると，1 つの符号が誤る確率と較べて，2 つの符号が誤る確率はごく小さいことがわかります．したがってパリティチェックは，ごく小さな確率で 2 つの符号の誤りを見逃してしまう欠点があるとはいえ，誤りの大部分は発見できるのですから，やはり有用な手段であることは確かです．

なお，パリティチェックでは 3 つの誤りには気がつき，4 つの誤りには気がつかない……とつづくのですが，3 つや 4 つの誤りが生じる確率は式(6.9)に匹敵する勢いで減少していきますから，取り上げる必要もないでしょう．

第6章 誤りの検知と訂正

表6.2 パリティビットが誤ると

パリティビット	本体の符号	事　　態	番号
正	正	チェック機能を果たし，全体をパス	①
正	誤	チェック機能を果たし，本体を再点検	②
誤	正	不必要に本体を再点検	③
誤	誤	チェック機能を果たせず，全体をパス	④

　最後に，パリティビットそのものに誤りを生じたら，元も子も失うではないかという点を検討してみます．もちろん，パリティビットが誤る確率は，本家の符号のそれぞれが誤る確率に等しい，と仮定します．

　まず，パリティビットが誤っているときに起こる事態を正常な場合と対比して，表6.2にまとめてみました．

　パリティビットを付け加える目的は，符号本体に誤りが生じた場合に警鐘を鳴らすことでした．その目的に照らしてみれば

　①は，勤務良好

　②は，お手柄

　③は，ミステイク

　④は，許せない

というところでしょう．消防士にたとえるなら，①は，まじめに見張っていたけれど火事はなし，②は，火事を発見して警鐘を乱打，③は，火の気もないのに寝ぼけて警鐘を乱打，④は，居眠りして火の手が上がったのを見逃した，というところです．

　では，①〜④が起こる確率は，それぞれどれくらいでしょうか．前と同じように，本体の符号語の個数をn，1つの符号語(パリティ

ビットも含む)が誤る確率を p とすると

①は，　$(1-p)^{n+1}$ ←── 本体とパリティビットがすべて正しい　　(6.10)

②は，　$\{1-(1-p)^n\}(1-p)$　　(6.11)

　　　　　　↑　　　　　↑
　本体に誤りがある　　本体がすべて正しい／パリティビットが正しい

③は，　$(1-p)^n p$ ←── パリティビットが誤り　　(6.12)
　　　　　└── 本体は正しい

④は，　$\{1-(1-p)^n\}p$　　(6.13)

です．これらの具体的な値は，すべて n と p によって変わりますが，一例として 148 ページのときと同様に

　　$n=8, \quad p=10^{-3}$

を代入して計算してみると

　　①は，　99.10 %
　　②は，　0.80 %
　　③は，　0.10 %　　(6.14)
　　④は，　0.00008 %

くらいになります．

「パリティビットに誤りがあれば元も子もない」という感じに③と④の両方を含めるとしても，そのようなことが起こる確率は，他の確率よりずっと小さいではありませんか．それよりは，②の「お手柄」のほうがずっと大きいのですから，やはりパリティビットは有用な働き者なのです．

とくに，たくさんの情報を演算するような場合には，1 つの情報の誤りがつぎつぎと波及して，全体を台無しにすることがあります

第6章 誤りの検知と訂正

から，個々の情報についてパリティチェックをしたうえで取り込むことが肝要となります．

蛇足と知りつつ，付け加えます．私たちが日常的に手にする商品のほとんどにバーコードがついています．バーコードの黒と白のしまもようは，図6.3のように *1* と *0* に対応していて，バーコードに光を当てたときの反射の強弱によって *1* と *0* を読みとる仕掛けになっています．バーコードにはいろいろな規格がありますが，100個くらいの *1* と *0* が並んでいるのがふつうです．それを光の反射で読みとるのですから，読みとりの誤りを皆無にすることはできません．

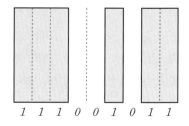

図6.3　バーコードは *1* と *0*

そこで，抜け目なく，パリティチェックです．チェックに合格した後でないと商品は客に渡らないし，合格したデータは直ちにコンピュータに送られて，商品管理や販売戦略に活用されるという次第です．

欠落符号を補う

数学の本にはふさわしくない話題ですが，お許しをいただきます．いつの時代でも，大きな権力をもつ行政組織や機関の内部では，知らず知らずのうちに腐敗が進行し，なにかをきっかけにそれが露呈して，国民の怒りを買うような事件となることが少なくありません．

もちろん，多くの組織の管理者は，そういう事があってはならな

いと日頃から心を砕いているのですが、どうやら努力には限界があるようです。これは、人間の組織ばかりではありません。乗物や家電などの多くの製品とて同じです。故障する前に警告を発する機能をもつ製品もありますが、自ら修復する機能をもつ製品はほとんどありません。天然自然がもつような自浄能力を人工的な産物が備えることは、非常に難しいことのように思われます。

ところがです。パリティチェックには、限定された範囲であるとはいえ、誤りを見つけるばかりか、誤りを訂正する機能さえもっているのですから、驚きではありませんか。まず、ごく簡単な例から見ていただきましょう。

5桁の 1 と 0 とで情報が表わされ、そのあとにパリティビット(偶数パリティとしましょう)を付けているとします。そうすると

　　　010100　　　は、誤りなし

　　　010101　　　は、どこかに誤りがある

と判断されることは、前節までに述べたとおりです。ただし、この場合には、誤りの有無が判定されるだけであって、誤りの位置は特定できません。したがって、訂正もできません。

しかし、よくあることですが、符号の1つが欠落していたり、判読が不能の場合はどうでしょうか。その符号を×とすれば

　　　0×0100

という信号を受信するわけですから、こんどは、×を正しい符号に直すことが可能です。いまは、偶数パリティを採用しているのですから、×のところは 1 でなければなりません。こうして、一部が欠けた符号は

　　　010100

と修復できることになります．見事な自浄作用ではありませんか．
ひきつづき，もっと複雑な場合について，話をすすめていきましょう．

誤り符号を訂正する

話を簡単にするために，$\alpha, \beta, \gamma, \delta,$ $\varepsilon, \zeta, \eta, \theta$ の8文字で情報を通信すると思ってください．8文字を 1 と 0 とで符号化するには3ビット，つまり，1 と 0 が3個の符号で十分ですから，表6.3のように符号化し，それぞれにパリティビットを追加して，各文字に対応する符号の 1 の数を偶数にしておきましょう．

そうすると，たとえば

表6.3 8文字の符号化

文字	符号語	パリティ
α	000	0
β	001	1
γ	010	1
δ	011	0
ε	100	1
ζ	101	0
η	110	0
θ	111	1

$\alpha\beta\varepsilon\eta\beta$ …… は

0000✓0011✓1001✓1100✓0011 ……

と送信されることになります．* そこで，受信側では流れてくる 1 と 0 とを4つごとに区切り，区切りごとに 1 の数が偶数であることを確認しながら，表6.3によって元の文字に復元し，もし，1 の数が奇数になっていたら，その区切りのどこかに誤りがあるのですから，通信をやり直す……というのが，平凡なパリティチェックのや

---

* 15行めの 1 と 0 の行列に書き込んである✓印は，便宜的に4個ごとの区切りを示したもので，このような印が送信されるわけではありませんので，念のため．

表6.4 行と列にパリティ
（送信側）

文字	符号語	パリティ
α	000	0
β	001	1
ε	100	1
η	110	0
パリティ	011	0

り方でした．

　しかし，これでは誤りがあることは指摘できますが，その箇所が特定できず，したがって，訂正もできません．そこで，いっそうの知恵を出しましょう．送信する文章を適当な文字数ごとに括ります．私たちの例では，4文字ごとに括ることにしましょう．そして，その4文字ぶんの符号を表6.4のように配列し，横方向にパリティビットを追加するとともに，縦方向にもパリティビットを追加してください．

　そして，この4文字と縦方向のパリティビットをひと固まりとして送信します．たとえば

　　　$\alpha \beta \varepsilon \eta$ ……は

　　　0000✓0011✓1001✓1100✓0110……

というようにです．

　ところが，通信路の雑音が悪さをしたのか，受信側には

　　　0000✓0011✓1101✓1100✓0110……

となって届いてしまいました．このまま文字に復元すると

　　　$\alpha \beta \eta \eta$ ……

なのですが，しかし，パリティチェックをしてみると，3行めの1の数が3個（奇数）もあって，この行に誤りがあることを警告してくれています．また，2列（縦方向）めにも1が3個あるので，この列にも誤りがあると教えてくれています．だから，このまま受信してしまっては困ります．では，どうしましょうか．

第6章 誤りの検知と訂正

幸い，こんどのパリティチェックでは，3行めと2列めに誤りがあることを教えてくれています．3行めで2列めなら，誤っている符号は表6.5の中で点線で囲んだ 1 にちがいありません．だから，この 1 を 0 に訂正してください．そうすると，受信された信号は

$\alpha \beta \varepsilon \eta$ ……

となります．こうして，雑音などによる誤りは通信の仕組みの中で訂正され，誤りなく送受信されます．見事な自浄作用が発揮されました．めでたし，めでたし．

表6.5 誤りを訂正（受信側）

文字	符号語	パリティ
α	0 0 0	0
β	0 0 1	1
η	1 (1) 0	1
η	1 1 0	0
パリティ	0 1 1	0

なお，このように誤りを自ら訂正するために追加した符号を**誤り訂正符号**と総称しています．いまの例では，行と列に付け加えられたパリティビットが，いっしょになって誤り訂正符号となっているわけです．

また，この節でご紹介したような誤り訂正の作業は，現実には，デジタル回路で瞬時に処理されていることは，言うに及びません．

〔クイズ〕 2行めと4行め，および1列めと3列めに誤りがあることが，パリティチェックでわかりました．間違っている符号を特定して訂正することができるでしょうか．答は脚注．*

---

* 〔クイズの答〕「2行めで1列め」と「4行めで3列め」の2カ所が間違っているか，「2行めで3列め」と「4行めで1列め」の2カ所が間違っているかの，どちらかです．そのどちらであるかが判断できないので，訂正はできません．

再び,欠落符号を補う

前々節では,1つの行に 1 と 0 が並んでいるとき,符号が1つだけ欠落していたり判読不能だったりする場合には,パリティビットを付けてあれば,それを修復できることを確認しました.こんどは,1 と 0 を行と列に並べたうえで,行にも列にもパリティビットを付けてある場合について,欠落などを修復するテクニックと,その実力のほどを調べていきましょう.

題材としては,154ページの表6.4を使います.ただし,表6.6の(a)のように,その 1 と 0 の行と列のうち,5箇所の符号が欠落しています.まさに虫喰い状態で,これは大変そうです.

表6.6 欠落符号を補う

(a)	(b)	(c)	(d)
0 0 × | 0 × 0 × | 1 × × 0 | 1 1 1 0 | 0 ───── 0 1 1 | 0	0 0 0 | 0 × 0 × | 1 × × 0 | 1 1 1 0 | 0 ───── 0 1 1 | 0	0 0 0 | 0 × 0 1 | 1 × 0 0 | 1 1 1 0 | 0 ───── 0 1 1 | 0	0 0 0 | 0 0 0 1 | 1 1 0 0 | 1 1 1 0 | 0 ───── 0 1 1 | 0

ところが,案に相違して,思ったより容易に修復作業が進行するので嬉しくなってしまいます.まず,表6.6(a)の1行めを見ていただけませんか.1つだけ×がありますが,偶数パリティであるためには,この×は 0 に決まります.2行めには×が2つありますから,どちらかの×は 1,他方の×は 0 でなければ偶数パリティにならないのですが,どちらが 1 であるかわからないので修復できません.3行めも同様に修復不可能です.4行めは問題なし…….こう

第6章　誤りの検知と訂正

して，1行めだけを修復すると(a)は(b)に変わります．

つぎに，表6.6(b)に修復作業を施しましょう．こんどは，列をパリティチェックしながら×を埋めていくのです．1列めには×が2箇所もあるので，2行めのときと同じ理由で修復できません．2列めの1つの×と，3列めの1つの×は，それぞれ偶数パリティになるように，*0*と*1*を埋めてください．こうして，(c)表ができ上がります．

そして最後には，(c)表の2行めと3行めが偶数パリティになるように×を*1*か*0*で埋めるだけの簡単な作業が待っています．この作業を終了すると，表6.6(d)のように，虫喰いのない符号の行列が完成しました．できた！

このような手順を踏めば，かなりの虫喰い状態であっても，たいていの場合，虫喰いを埋めることが可能です．できないのは，155ページの〔クイズ〕のような限られた場合にすぎません．また，このような手法が大量の画像を送受信するときなどに使われるなら，多少の虫喰いが残ったとしても，実用上ほとんど悪影響はないでしょう．

それにしても，表6.4のように，本来の符号が12個なのに対して，8個ものパリティビットが追加されているようでは，パリティビットのほうの誤りが悪さをする確率が大きすぎるのではないかと心配です．そのとおりです．しかし，符号の本体が4行×3列のように小さいことはめったになく，それよりずっと大きいので，パリティビットの相対的な割合は低くなり，心配は軽減されます．また，パリティビットの行と列の交点にある右下の符号が，パリティビットの行と列の両方に睨みを効かしているのも心強い限りです．

ハミング距離と誤りの検知・訂正

この章では,1と0とで綴られた符号語の中に潜む誤りを見つけたり,訂正したりする機能について話をすすめてきました.そして,パリティビットをうまく使えば,そのような機能が発揮できることを知って,嬉しくなっているところでした.

つづいてこの節では,そもそも符号語にどのような性質を与えれば,識別したり,誤りを見つけたり,訂正することができるのか,という高尚な話にすすみます.高尚ではありますが,少しもむずかしくありませんから,お付き合いを願います.

とりあえずの題材に153ページの表6.3を使いたいのですが,参照しやすいようにこのページにも載せておきました.

表6.3 8文字の符号化

文字	符号語	パリティ
α	000	0
β	001	1
γ	010	1
δ	011	0
ε	100	1
ζ	101	0
η	110	0
θ	111	1

まず,表6.3のパリティビットを無視して,8つの文字に対応する8つの符号語を見較べてください.どの2つの符号語をとっても,少なくとも1箇所以上は1と0が異なります.αとβを較べると3桁めが,βとγを較べると2桁めと3桁めが異なるようにです.考えてみれば,いや,考えるまでもなく,これは当然です.1箇所も異ならなければ,その符号語どうしは等しいのですから,対応する文字を区別できないではありませんか.

つぎに,パリティビットも加えて4桁の符号語として見較べてください.こんどは,少なくとも2箇所以上の1と0が異なります.

αとβを較べると3桁めと4桁めが，δとεを較べると，なんと4桁ぜんぶが異なるようにです．そして，この場合は符号語のどこかに誤りがあると，どこかは不明のままですが，誤りがあることには気がつくのでした．

このように，符号語どうしを比較したとき，1箇所以上で*1*と*0*が異なっていれば，符号語どうしが区別できるし，また，2箇所以上で*1*と*0*が異なっていると，誤りがあることに気がつくのです．なにやら，なん箇所以上の*1*と*0*が異なっているかに重要な意味がありそうではありませんか．

そこで，ひとつだけ新しい用語を持ち込みたいと思います．2つの符号語(なん桁でもいい)を

$$\left. \begin{array}{l} \textit{10011101} \\ \textit{00010111} \end{array} \right\} \quad (6.15)$$

のように並べて見較べ，符号が異なっている箇所を数えてください．この例では，1桁め，5桁め，7桁めの3箇所です．その「3」を，この2つの符号語の**ハミング距離**といいます．[*] そうすると，私たちの知識は，ハミング距離が

  1以上なら 符号語が識別できる．誤りは検知できない

  2以上なら 1個の符号の誤りを検知できる

ということになります．そして，実は，これにつづいて

  3以上なら 1個の符号の誤りを訂正できる

---

* x_iとy_iを*1*か*0*をとる符号列とするとき

$$\sum_i (x_i - y_i)^2$$

をハミング距離という……と書いてある本もあります．そんなにむずかしく書かなくてもいいのに．

4以上なら	1個の符号の誤りを訂正できる
	2個の符号の誤りを検知できる
$(2r-1)$以上なら	$(r-1)$個の符号の誤りを訂正できる
$2r$以上なら	$(r-1)$個の符号の誤りを訂正できる
	r個の符号の誤りを検知できる

であることが知られています.

この関係を目で確認していただきましょう. 図6.4に, X系列に属する符号語 X_1 と X_2 のハミング距離が1〜4の場合の概念図を描いてあります.

(a)は, ハミング距離が1の場合です. 符号語 X_1 と符号語 X_2 とは, *1*と*0*が1箇所しか違わないのですから, そこの符号が誤ると X_1 は X_2 に変るし, X_2 は X_1 に変ってしまいます. けれども, X_1 も X_2 も実在する符号ですから, 誤りが発生していることに気がつ

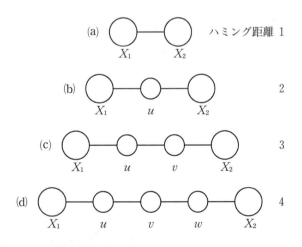

図6.4 誤り検知と訂正の仕組み

かずに受信してしまいます．

(b)は，ハミング距離が2の場合です．X_1がX_2に変わるには2箇所の符号を誤る必要がありますが，それは，無視できる確率でしか起こりません．1箇所だけ誤ると，X_1とX_2の中央にあるuに変ってしまいますが，そのような符号語はX系列にはないので，受信者は信号が誤っていることに気づきます．ただし，そのuは，X_1が誤ってできたものか，X_2が誤って生まれたものか知ることができないので，訂正はできません．

(c)は，ハミング距離が3の場合です．こんどは，uと受信すれば，それはX_1が誤ったものにちがいないし，また，vと受信すれば，それはX_2が誤ったものに相違ないと判定できるので，誤りを訂正できるという仕掛けです．

(d)は，ハミング距離が4の場合です．uと受信すれば，それはX_1が誤ったものにちがいないし，wと受信すれば，それはX_2が誤ったものにちがいないので，1個の誤りを訂正できるところは(c)と同じです．(d)ではさらに，X系列には属さないvが受信されると，それが誤りであることには気がつくものの，X_1のほうから2つ誤ってきたのか，X_2のほうから2つ誤ってきたのか判定できないので，訂正はできず，検知だけに留まってしまいます．

ハミング符号で誤りを訂正

前節で符号語どうしのハミング距離と誤りの検知・訂正能力の関係が明らかになりましたので，それを利用しない手はありません．つまり，所望の検知・訂正能力を備えた符号語を作り出す方法を提

示して欲しいものです。もちろん，効率も落とさないように，符号語の長さはなるべく短くしてもらわなければなりません。

ところが，これがたいへんな難問なのです。いまでも，ハフマン符号化(122ページ)が，もっとも効率的でコンパクトな符号といわれているぐらいですから。そこで，いくつかの方法のうち，ハミング符号を利用した符号語の一例をご紹介して，お許しをいただこうと思います。

いま，1 と 0 の4桁で16文字の情報を通信することを考えます。そのままではハミング距離が1ですから，誤りがあっても，あることにさえ気がつきません。で，1桁のパリティビットを加えると，こんどは誤りには気がつきますが，訂正はできません。そこで，思い切って3桁の 1 と 0 を付け加えます。そうすると，符号語は

$$(X_1, X_2, X_3, X_4, C_1, C_2, C_3) \tag{6.16}$$

のように7桁になります。そして，C_1 と C_2 と C_3 は

$$\left. \begin{array}{l} C_1 = X_1 \oplus X_2 \oplus X_3 \\ C_2 = X_1 \oplus X_3 \oplus X_4 \\ C_3 = X_2 \oplus X_3 \oplus X_4 \end{array} \right\} \tag{6.17}$$

となるように決めます。ここで $\oplus$ は

$$\left. \begin{array}{l} 0 \oplus 0 = 0 \\ 0 \oplus 1 = 1 \\ 1 \oplus 0 = 1 \\ 1 \oplus 1 = 0 \end{array} \right\} \tag{6.18}$$

と約束する演算であり，二進法で桁上げをしない演算なので，**排他的論理和**と呼ばれたりします。そして，このようにして決めた C_1, C_2, C_3 は**ハミング符号**と呼ばれ，パリティビットと並ぶ用語として

第6章 誤りの検知と訂正

使われます.

このようなハミング符号を付け加えると，16文字に対応して表6.7のような7桁の符号語が誕生します．これら16個の符号語どうしのハミング距離を点検してみてください．AとPのようにハミング距離が7というぜいたくな組合せも目につきますが，AとB，BとC，CとDのように多くの組合せで3となっているなど，すべての組合せで3以上のハミング距離を保っているではありませんか．

表6.7 16文字用のハミング符号

文字	X_1	X_2	X_3	X_4	C_1	C_2	C_3
A	0	0	0	0	0	0	0
B	0	0	0	1	0	1	1
C	0	0	1	0	1	1	1
D	0	0	1	1	1	0	0
E	0	1	0	0	1	0	1
F	0	1	0	1	1	1	0
G	0	1	1	0	0	1	0
H	0	1	1	1	0	0	1
I	1	0	0	0	1	1	0
J	1	0	0	1	1	0	1
K	1	0	1	0	0	0	1
L	1	0	1	1	0	1	0
M	1	1	0	0	0	1	1
N	1	1	0	1	0	0	0
O	1	1	1	0	1	0	0
P	1	1	1	1	1	1	1

それなら，これらの符号語は，1つの符号が誤っていたとしても，必ず，それを検知して訂正できる能力を備えているはずです．

たとえば，受信した符号が

0101001

であったとしましょう．表6.7を見ると，これに該当する文字がありませんから，どこかに誤りがあるにちがいありません．そこで，受信した符号とA，B，C，…などに対応する符号語とをひとつひとつ比較べていきましょう．

Aの符号語(*0000000*)とは3箇所も異なりますからパスです．Bの符号語(*0001011*)とは2箇所ちがうのでパス……と順に調べてい

くと，H(*0111001*)とは3桁めの1箇所しか異ならないことを発見します．したがって，受信した符号は3桁めに誤りがあり，正しくはHなのでした．こうして，ハミング符号を追加することによって，誤りの検知と訂正ができることが確認できました．

もっとも，現実の電子回路の中では，ひとつひとつを見較べるのではなく，ある種の連立方程式を解くことによって，誤り符号の位置を見つけてしまうのがふつうです．*

なお，いまの例は，160ページの図6.4の(c)において，uのところに受信符号があり，左右を見回すとハミング距離が1のX_1のところがHで，ハミング距離が2のX_2のところがBだから，Hに戻すことに決めたという場合に相当しているわけです．さらに，受信符号を表6.7の符号語と較べてみるとわかるように，uからハミング距離2だけ離れたところにBやEやNも位置しているはずです．

それにしても，4桁の符号に3桁の検査符号をつけるのは，効率化という観点から見れば，ぜいたくすぎるのではないでしょうか．ほんとうに，ぜいたくだと私も思います．しかし，止むを得ないのです．それどころか，たった3桁の符号語にさえ，誤り訂正のためにハミング符号を追加するなら，やはり3桁が必要なのです．一般的にいうと，ハミング符号の桁数をa（正の整数）としたとき，誤りを訂正できる情報通信の桁数は

$$2^a - a - 1 \tag{6.19}$$

---

* ハミング符号による誤りの検知・訂正の理屈については，いろいろな説明の仕方がありますが，やや難解なので省略しました．『情報理論 基礎と広がり』山本・古賀・有村・岩本訳(共立出版，2012年)

第6章 誤りの検知と訂正

までであることが知られています．すなわち

$$
\left.\begin{array}{lll}
\text{ハミング符号が 1 桁なら} & \text{情報の桁数は} & 0 \\
\quad\quad\quad\quad 2\text{桁なら} & & 1\text{まで} \\
\quad\quad\quad\quad 3\text{桁なら} & & 4\text{まで} \\
\quad\quad\quad\quad 4\text{桁なら} & & 11\text{まで}
\end{array}\right\} \quad (6.20)
$$

なのです．* なかなか，きびしいですね．

154ページの表6.4において，私たちは符号語の行と列に別個にパリティビットを付けることによって，1つの誤りを訂正したことがありました．その場合には，ハミング距離はいくらになっていたのでしょうか．情報を表わす符号を1つ変えると，同時に，行のパリティビット，列のパリティビット，および，右下隅のパリティビットの，合計4つが同時に変わってしまいます．つまり，元の *1* と *0* の配列と4箇所が異なってしまうことになるので，ハミング距離は4です．したがって，155ページの記述どおりに，誤りが3行めと2列めにあることを検知できたし，1個の誤りが訂正できたというわけです．

効率と安全性のバランス・シート

私たちは，通信の途中で発生した1個の符号の誤りを自動的に訂正する方法として，154ページの表6.4のように行と列にパリティビットを付ける方法と，ハミング符号を追加して符号間のハミング

---

* 『情報理論入門』本田波雄著（日刊工業新聞社，1960年）

距離を3以上にする方法とを知りました．

どちらの方法にしても，情報伝達の符号以外に余計な符号を加えるのですから，冗長度が増加するに決まっています．それは，前の章で効率のいい符号化を追求したのと，まったく，あい反する行為です．そこで，誤り訂正符号の追加によって，どのくらい冗長度が増加するかを調べて，それが我慢できる程度かどうかを判断してみましょう．

表 6.8 正方形の行列とパリティ

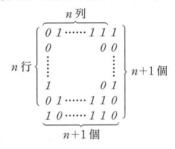

まず，行と列にパリティビットをつける方法から調べます．表 6.8 のように，n 行 n 列の情報符号にパリティビットの行と列が付け加えられているとします．同じ面積の長方形の中でもっとも辺の長さが短いのは正方形ですから，情報を送る符号の数に比して，もっともパリティビットの数が少ない状態を考えていることになります．そうすると

$$\left.\begin{array}{ll}\text{符号の全数は} & (n+1)^2 \\ \text{そのうち，パリティビットの数は} & 2n+1\end{array}\right\} \quad (6.21)$$

ですから，冗長度 R は

第6章 誤りの検知と訂正

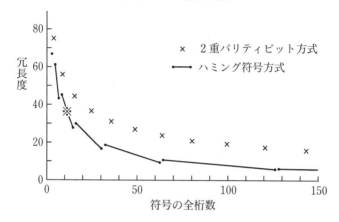

図6.5 誤り訂正符号による冗長度

$$R=\frac{2n+1}{(n+1)^2} \tag{6.22}$$

で表わされます．n は正の整数に限られていますから，式(6.22)はとびとびにしか存在しない値ですが，それらを計算してグラフ用紙にプロットすると，図6.5の×印のようになります．

つづいて，ハミング符号を追加する方法についても調べましょう．1つの符号の誤りを訂正するには，式(6.20)によって，たとえば，情報の桁数が5～11のときには4桁のハミング符号を追加する必要があるので，全桁数は9～15となります．そうすると，この場合の冗長度 R は

$$\left.\begin{array}{l}\text{全桁数が9のとき}\quad R=4/9\fallingdotseq 0.444\\ \text{全桁数が15のとき}\quad R=4/15\fallingdotseq 0.267\end{array}\right\} \tag{6.23}$$

この値が図6.5の中に※印の直線として記入されています．この直線は，厳密にいえば5箇所でわずかに折れ曲がっているはずですが，

おお目に見ておいてください．

　この章も，いよいよ大詰めです．図6.5を見ながら，結論めいた所見を整理しましょうか．

　(1)　一般的に，ハミング符号方式のほうが，2重パリティ方式より少ない冗長度ですむので，効率への悪影響は小さい．ただし，どちらの方式にしても現実には電子回路で処理することになるので，電子回路の作りやすさや性能も含めての検討が必要でしょう．

　(2)　ひとかたまりで通信する符号の数は多いほうがいいのですが，そのためには誤りの発生確率 p が小さくなければなりません．なぜなら，2つの誤りが同時に発生する確率 p^2 は無視できるとして話を進めてきたのですから．

　(3)　符号の数が60くらいを越すなら，ハミング符号方式を使うと冗長度は10%以下になります．ふつうの言語の冗長度は2/3くらいはありますし，またDNAに書き込まれている遺伝情報は，90%もの冗長度を費やして誤りを防止しているそうですから，それらに較べれば，10%以下という冗長度は甘受しなければならないでしょう．

　この章も，間もなく終わります．思い返せば，効率化と誤り防止は，本質的には両立しにくい作戦であることを承知のうえで，それでも，あ̇ち̇ら̇も̇こ̇ち̇ら̇も̇立てる方策はないものかと，2つの章にわたって，二兎を追ってきたのでした．そして，わかったことは，つぎのとおりでした．

　情報を効率よく通信するための符号化に当たっては，できるだけ冗長度が小さくなるように情報圧縮することが必要で，そのための手段として，ハフマンの符号化に代表されるような可変長符号化が

第6章 誤りの検知と訂正

自らの誤りを直す能力！
見ならいたいものです

もっとも有力な手段でした．

これに対する誤り防止の方法としては，パリティビットを縦と横につけるとか，ハミング符号を追加するなどの妙策が，あっと驚くほどの成果を挙げてくれるのですが，ただし，ある程度の冗長度の増加は，がまんする必要があるのでした．

そして，困ったことには，たとえばハミング符号を追加しながらハフマン符号化をするというような一挙両得の奇策は，原理的に成立しそうもありません．やはり，効率化と誤り防止については，両方に配慮しながら，適当なところでバランスを保つしかないようです．

「あちら立てれば，こちらが立たぬ．両方立てれば身がもたぬ」といいますが，どうやら，両方を同時に立てるのは難しく，したがって，わが身のほうは終わりまでもったようです．

第7章

暗号解読の原点
── 言語の冗長性を頼りに ──

暗号が歴史を作る

「暗号」という言葉は，なんとなく，陰気ですね．スパイ，諜報，秘密などと同類の響きがあるばかりか，ときには，隠しごと，裏切りのようなやま̇し̇さ̇さえ漂わせているからでしょうか．確かに暗号は，軍事や外交のような「なんでもあり」の世界を勝ち抜くために相手をだます手段として発達したのですから，決して陽気なものではありません．

ところが，です．IT 時代を迎えて，暗号のイメージは大きく変わりました．情報の**秘匿**を目的として使われてきた暗号に，**認証**という新しい役目が与えられたからです．

認証というのは，本人であることを確認したり，情報が改ざんされていないことなどを確認することで，オンラインショッピングで買い物をしたり，インターネットでチケットの予約をするなど，この機能なしには IT 社会の安全は保てません．この機能を暗号が果

たしてくれるのですから，暗号はIT社会の秩序を守る正義の味方と言えるでしょう．だから，暗号という用語はもっと明るい言葉に変えるほうがいいと提案されたりもしています．

顧みると，暗号の歴史はおそろしく古く，そして，民族や国家の存亡に深くかかわってきました．なにしろギリシア時代に，すでにスキュタレーという暗号(194ページ)が実戦に使われていたという史実が残されているそうですから，驚きではありませんか．

時代が下って，世界中が戦争に明け暮れた20世紀ともなると，情報の価値に対する認識とその収集・解析・判断の能力が，国や民族の存亡に決定的な影響を与えました．主として日本とアメリカが戦った太平洋戦争でも，レーダーや通信傍受による情報収集能力と暗号解読の能力の差が，開戦に至る外交においても，個々の戦闘においても，その帰すうを支配したことは衆知の事実でしょう．

この本は「情報数学のはなし」なので，暗号の興味の尽きない故事来歴にページを割く余裕がないのが残念ですが，たったひとつだけ，いくらかショッキングな実話をご紹介しましょう．

ロンドンの北西約100 kmのところに，コベントリーという工業都市があります．第二次世界大戦の初めのころ，ドイツ空軍がコベントリーを爆撃するという情報がイギリスのチャーチル首相に報告されました．当時，ドイツはエニグマと呼ばれる高度な暗号を使っていましたが，イギリスの諜報機関は，すでにその解読に成功していたので，コベントリー空襲の計画を察知することができたわけです．

報告を受けたチャーチル首相は，しかし，軍に対してコベントリーの防空を命じることもなく，また，コベントリーの住民に警告

を発することもありませんでした．そんなことをしたら，ドイツはエニグマ暗号が解読されたことを知って暗号を変えてしまい，イギリスはドイツに関する貴重な情報を入手できなくなり，もっと大きな損害をイギリスにもたらすにちがいないと考えたからです．

イギリスのより大きな利益のために，一部の国民を犠牲にするという苦渋に満ちたこの決断については，トップが担う十字架の重さとともに，情報の価値の大きさに息を呑む思いです．

現代の合い言葉 IFF

さっそく，暗号の具体例にはいりましょう．合い言葉は，暗号と呼ぶには単純すぎるかもしれませんが，味方どうしにしか通用しない符号という意味では，暗号の機能を果たします．しかも，味方であることを確認し合う認証の機能も果たしているのですから，たいしたものです．

合い言葉といえば，暗闇の中で敵味方が入り乱れて切り合いをしているとき，味方と敵を識別するために「山」と「川」を叫び合うような状況を連想しがちですが，近代戦で使われる合い言葉は，とても，そんなものではありません．たとえば……

昔の戦闘機どうしの戦いは，大空の中を縦横に飛び回って組んずほぐれつの空中戦のすえ，うまく機関銃の弾を相手に命中させたほうが勝ちという有様でした．いまでもパイロットの操縦技量と判断能力を向上させるために空中戦の訓練は行ないますが，実戦では，このような空中戦の機会はめったにないと考えていいでしょう．

実戦では，たぶん，地上のレーダーに誘導されながら敵機に近づ

き，自分の飛行機に積んであるレーダーで目標をつかまえたら，肉眼で敵機を確認する前に目標に対してミサイルを発射し，そして，速やかに退散することになるでしょう．敵もこちらに向けてミサイルを射ってくるにちがいないからです．この場合，ミサイルで狙う目標が絶対に味方ではなく，敵であることを確認しなければなりません．そこで，合い言葉が必要になります．

　軍用機には，ほとんど例外なくIFF(Identification friend or foe)という電子機器を積んでいます．日本語でいえば敵味方識別装置ですが，IFFのほうが通りがよさそうです．このIFFは，味方どうしが合い言葉を交わして，味方どうしであることを確認する装置です．いっぽうのIFFが，ある周波数で暗号化された質問を送ったとき，相手からさる周波数で暗号化された回答が返ってくれば味方ですし，返事がなかったり，返事がまちがっていたら敵です．

　こういうわけで，どの国の軍隊にとってもIFFの内容は最高の軍事秘密のひとつです．IFFの内容が敵に知られてしまえば，味方のふりをした敵がいくらでも近づいてくるのですから，たまったものではありません．そこで，飛行機の不時着などでIFFが敵の手に落ちる可能性が生じたときには，命を捨ててでも，IFFの機器を破壊したり，内容を消去したりすることが，軍人の責務だと考えられています．

　余談ですが，戦闘機パイロットの仲間うちでは「帰投の恐怖」という言葉が囁かれることがあるそうです．来襲した敵機を撃退するために飛び上がり，命がけの任務を終了してひと息つき，さて母基地に帰投しようというとき，改めて恐怖を感じるのではないかというのです．

平時の訓練のときなら問題ありませんが，ほんとうの戦いのときには，母基地では敵機の襲撃から自らを守るためにミサイルや機関砲を上空めがけて発射できる態勢をとっているはずです．もちろん，IFFで敵機を識別してから発射する手筈になっていますが，なにかのまちがいで帰投する友軍機めがけて発射されてしまったら悲劇です．だから，「帰投の恐怖」という囁きが生まれるのだそうです．もちろん，そんなことが起こってはなりませんが……．

ぶっそうな話がつづいてしまいました．ごめんなさい．節を改めて，知的な暗号の話に戻りましょう．

換字式の暗号を解く

表7.1のような怪しげな通信文を入手しました．なにがなにやら，さっぱりわかりません．きっと暗号文なのでしょう．読解してみていただけませんか．

表7.1　暗号文を入手した

```
イオニヨトオツネヨヲホオイオロリトオツヅリハホオヨヘオワホ
イネオイカニオムイツオネソヨネネリカトオチヨワホオタソナニ
ヲキオムリネチオチホソオタソリノホオムチホカオツチホオハヨワ
ホオネヨオイオヘヨヨネロソリトホオイハソヨツツオイオソリラホ
ソオリネオムイツオネチホソホオネチイネオツチホオチイタタホカ
ホニオネヨオヲヨヨヨルオニヨムカオイカニオツホオチホソオヨム
カオソホヘヲホハネリヨカオリカオネチホオムイネホソオ
```

このままでは、どこから手を付ければいいのかさえ、わかりません。だいいち、横に読むのか縦に読むのかさえ、迷ってしまいます。まあ、左上隅と右下隅に段落を示すらしい欠字がありますから、横に読むことにしましょうか。

それにしてもチンプンカンプンです。暗号だから仕方がないとはいえ、この205文字の暗号文を解読する糸口はどこにあるのでしょうか。

文字や記号がたくさん並んだ暗号文を解く常套手段は、まず、文字や記号の出現率を調べることです。さっそく、調べてみました。

表 7.2 文字の出現率を調べる

文字	個数	率(%)	文字	個数	率(%)
オ	42	20	ヲ	5	2
ホ	23	11	ハ	4	2
ヨ	17	8	タ	4	2
ネ	16	8	ト	4	2
イ	13	7	ワ	3	1
ソ	12	6	ヘ	3	1
チ	11	5	ロ	2	1
リ	10	5	ル	1	—
カ	9	4	ヰ	1	—
ツ	9	4	ノ	1	—
ム	7	3	ナ	1	—
ニ	6	3	ラ	1	—
			計	205	(100)

その結果が表 7.2 です。この暗号文には 24 個の文字が表のような率で使われているのですが、文字ごとの出現率が均一ではなく、かなり強いくせが見られます。このくせは暗号解読の有力な手掛りになりそう。

文字の出現率を見てください．20％，11％，8％，……と指数曲線的に減少していきますが，このような傾向を示す出現率に，すでに私たちは出逢ったことがあります．130ページを開いて，表5.4を見ていただけませんか．ふつうの英文における文字の出現率が，約19％，10％，8％，……となっていて，私たちの暗号文の場合と同じ傾向を示しています．いや，私たちの暗号文がふつうの英文と同じ傾向を示しているのです．

これは，大きなヒントです．そこで，暗号文は英文の文字をカタカナに置き換えたものであると仮定して，暗号解読の作業をすすめましょう．仮定がまちがっていて作業がいきづまったら，この地点へ戻って考え直すことにしましょう．

なお，英文には□(スペース)を含めて27文字あるのに，暗号には24種類の文字しか使われていないところが気になりますが，たった205文字の文章に使われていない文字があっても，おかしくはないでしょう．

さっそく，英文と暗号文に使われている文字を，出現率の高い順に対比して並べてみました．それが表7.3です．こういう作業をするとき，出現率の有効桁数は思いきって少なめにするのがよさそうです．とくに暗号文のほうでは，サンプルがわずか205個ですから，その中に含まれる16個と17個には有意差があるとも思えないにもかかわらず，それを，7.8％および8.3％と書くと，その有効数字に推理が引きずられかねないからです．

では，表7.3の出現率を参考にしながら，英文と暗号文の文字の対応を推理してみてください．

① 英文の□と，暗号文のオとが，それぞれ突出して率が高く，

第7章 暗号解読の原点

表 7.3 出現率を手掛りに推理する

英文		暗号文		推理
文字	率(%)	文字	率(%)	
□	19	オ	20	①オは□に決まり
E	10	ホ	10	②ホはEとしてみる
T	8	ヨ	8	③ ヨかネのどちらかがT
A	7	ネ	8	他方はA, O, Nのどれか
O	6	イ	7	
N	6	ソ	6	
R	5	チ	5	④ イ, ソ, チ, リ, カ, ツと
I	5	リ	5	O, N, R, I, S, Hには対応多し
S	5	カ	4	
H	4	ツ	4	

しかも、それぞれ19%と20%でほぼ等しい出現率です。だから、オは□を表わすとして、間違いないでしょう。

② つぎに率が高い組合せはEとホであり、率の高さも同じです。ただし、それ以下の率のグループと明らかに差があるというほどではありません。したがって、とりあえず、ホはEを表わすとして作業をすすめ、矛盾が出てきたら考え直すことにしましょう。

③ 英文のT, A, Oと暗号文のヨ, ネを対比してみると、ヨかネのどちらかがTで、他方がA, O, Nのどれかである可能性が高いようです。

④ 暗号文のイ, ソ, チ, リ, カ, ツと、英文のO, N, R, I, S, Hの中には、それぞれペアを組むものがあると思われます。

ここまでは文字の出現率を手掛りとした推理でしたが、これから先は、さまざまな推理が混ざります。

⑤ 暗号文の中にオイオという3文字の連なりが4箇所もあります。オは①によって□でしたから、イは1文字の単語、すなわちA

かIであることを意味します(⑧でAのほうを選びます).

⑥ 暗号文の中にオリネオ，つまり，リネという2文字の単語が使われています．Aで終わる2文字の単語はありませんから，ネはAではありません．（maという幼児語があるぞなどと，嫌味なことは言わないでください．)

⑦ 暗号文の中にネヨという2文字の単語が2回も現れます．③と⑥によって，ネヨの候補には，TA，TO，TN，OT，NTがありますが，この中で英単語になっているのはTOだけですから，ネはT，ヨはOであることが判明しました．

⑧ もういちどリネという2文字の単語について推理します．⑦によってネはTであることを知りましたから，リはAかIです．⑤によってイもAかIですから，イとリとがAかIを取り合うはめになりました．そこで，表7.3の出現率を見ると，英文ではA＞I，暗号文ではイ＞リですから，イはA，リはIとみなし，あとで矛盾を生じたら修正することにしましょう．

⑨ 暗号文の中にネチイネという単語が使われています．これは，TチATですから，チはHしかありません．

⑩ ムリネチという単語も使われています．これは，ムITHですから，ムはWのはずです．

⑪ ムチホカという単語もあります．これは，WHEカなので，カはNに決まりです．

あとは，芋づる式です．

⑫ 暗号文の6行目にイカニという単語がありますが，イはA，カはNですから，ニはDかYしかありません．そこで，暗号文の頭の部分，A□ニOトのところに注目してください．ニOトは名詞の

単数形である可能性が高く、ニはDかYで、トはまだ決まっていないローマ字です。そうすると、ここのところは、A　DOGしか該当しないのです。こうして、ニはD、トはGである可能性が大きいようです。それなら、2行目と6行目にあるイカニはANDですね。

⑬　3行目と5行目にツチホという単語が出ています。ここは、ツHEですから、ツはTではない以上、Sでしかあり得ません。

⑭　こんどは、1行目にあるSTOヲEと、SヲIハEに注目してみましょう。ヲとハの候補となる単語は、調べてみると

$$
\text{STO} \begin{Bmatrix} K \\ L \\ R \\ V \end{Bmatrix} E \quad \text{と} \quad S \begin{Bmatrix} LIC \\ MIL \\ PIC \\ PIR \end{Bmatrix} E
$$

（ヲ↓、ヲ↓ハ↓）

だけです。それなら、両方が成り立つためにはヲはLしかないではありませんか。そして、ヲがLなら、ハはCです。

①〜⑭までの推理によって

オ=□	ホ=E	ネ=T	ヨ=O	イ=A
リ=I	チ=H	ム=W	カ=N	ニ=D
ト=G	ツ=S	ヲ=L	ハ=C	

とみなしても矛盾が生じないことを知りました。そして、英文におけるこの14文字の出現率を加え合わせてみると、すでに80%を超えています。これだけわかれば、もう暗号文の概要を読めるかもし

れません.暗号文の最初から,これらの文字を代入してみましょうか.

　　　A□DOG□STOLE□A□ロIG□SLICE□Oへ□
　ワEAT□AND□WAS□TソOTTING□HOワE□タ
　ソOナDLキ□WITH□
　　　　　　　——以下,略——

となり,どうやら98ページで使ったイソップ物語の書き出しの部分らしいと思われます.

　私たちの暗号解読は,まだ十分ではなく,すべてを解読するには,もうひとふん張りが必要です.しかし,もう先は見えています.たとえば,数行前の解読文の2行目先頭にある「ワEAT」と後尾にある「HOワE」の共通項から,ワがMであることを見抜くのはわけもありませんし,また,5つ目の単語がBIGであることに気づかないほうが,おかしいくらいです.

　このような推理を楽しくつづけていくと,やがて,暗号文に使われている24個のカタカナに対応するすべてのローマ字が判明し,暗号文は98ページの英文の7行をカタカナに置き換えたものにちがいないことが明らかになるでしょう.そして,置き換えの対応は

　　ABCDEFGHIJKLMNOPQRSTUVWXYZ□
　　イロハニホヘトチリヌルヲワカヨタレソツネナラムウキノオ

$$(7.1)$$

でした.ただし,J(ヌ),Q(レ),X(ウ)の3文字は使われていませんでした.

手掛りは言語のくせ

　前節の暗号解読の手順を振り返ってみてください．冗長性が生み出した言語のくせを，とことん利用してきたことがわかります．まず，文字の出現率を手掛りに主要な文字を推理しましたが，これは言語のくせをまるごと利用した行為です．また，たとえば，⑩ではムＩＴＨのムはＷのはずと澄ましたものでしたが，もし冗長性がなければ，ムのところにどの文字を入れても英単語としての意味をもつのですから，ムはＷと決めるわけにはいきません．

　このように言語のくせを手掛りにして，元の文章(平文(ひらぶん)という)の文字と暗号文の文字の確率が高い組合せをひとつひとつ見つけていくのは，昔から暗号解読のもっとも基本的な手法でした．

　もちろん，このほかにも，出現率の高い英単語は，the, of, and, to, ……の順であるとか，日本語の軍事に関する暗号文の中に

　　　□○＋×　と　△◇＋×

の形が多く現れ，そのあとに α か β か γ がつづくことが多ければ

　　　□○＋×　と　△◇＋×　は　「わがぐん」と「てきぐん」

　　　α, β, γ　は　「に」，「を」，「は」のどれか

と推理するなど，さまざまな知恵を絞ったりもしますが，これらは，いずれも言語のくせを手掛りにしていることは明らかです．

　それにしても，暗号文は相当な量を入手しなければ，くせが目立ちませんから，推理が不安定です．たとえば

　　　○○△＋□×□

という暗号文を入手したとしましょう．たった7文字ですが，○が2つつづいているとか，2つの□が1つおいて現れているというよ

うに，かなりのくせが認められます．しかし，解読しようとすると
　　　　　　バ バ サ マ ナ ク ナ 　　　　　　オ オ ム ラ イ ナ イ
など，いくつでも該当する訳文が見つかり，暗号が解けません．だから，暗号を正しく解読するためには，なるべく多くの暗号文を手に入れる必要があります．暗号文をたくさん集めることと，解読の手間を惜しまないことが，昔から暗号解読の秘訣なのです．

　そういえば，前節の暗号を解いている途中で，②では，とりあえず，ホはEを表わすとして作業をすすめ，矛盾が出てきたら考え直そう……としました．また，⑧では，イとリとがAとIを取り合うはめになったあげくに，あとで矛盾が生じたら修正することを条件にイをAとしました．さらに，⑫では，ニはD，トはGである可能性が高い……として，その可能性に賭けました．

　幸い，その後の作業の流れに矛盾が生じることはなく，全文の読解が終わったのです．しかし，この解読がほんとうに正しいか否かは，まだわからないのです．ある2文字を入れ換えても，ちゃんとした英文になっているかも知れないからです．たとえば

　　　　X is not hip.

と解読された文章が，実は，hとnが入れ換わっていて，正しくは

　　　　X is hot nip.

であった，というようにです．推理小説のネタに使えそうな性質ではありませんか．

　前節の解読文に，2文字を入れ換えても意味が通じるような2文字があるかどうかを，ざっと調べてみましたが，見つかりませんでした．しかし，それでも，完璧ではありません．3文字が三角トレードされている可能性などが，まだ残っているからです．

第7章 暗号解読の原点

　しかし，暗号文が長くなるにつれて，このような誤読の危険性はぐんと減少します．ある文字の出現回数は，文章が長くなるにつれて増大し，その文字を他の文字と入れ換えても，単語として，および文章として意味を持つ確率が急激に低下するからです．

　しつこいようですが，暗号は解読の可能性を高める点からも，誤った解読を避ける点からも，同じ仕組みで作られた暗号文をなるべく大量に入手したいものです．

　ここで，暗号に関して使われている基本的な用語を整理しておきましょう．暗号文に直される前の元の文章を，**暗号文**に対して**平文**（ひらぶん）といいます．また，180ページの式(7.1)のような暗号を作るための道具を**鍵**といい，その道具を使って暗号を作る手順を**暗号アルゴリズム**[*]と呼びます．前節の暗号を作るために使われたアルゴリズムは，鍵の示すとおりに文字を入れ換えるというものに過ぎませんでした．さらに，鍵とアルゴリズムを知っていて暗号文を平文に直すことを**復号**，鍵もアルゴリズムも知らずに暗号文を平文に直すことを**解読**と使い分けています．

　なお，前節で使った暗号文は，平文の文字を他の文字に入れ換えたものでしたから，**換字式**の暗号といいます．暗号には，このほかにもいろいろなタイプがあるので，順に見ていただく予定です．

　換字式の暗号は，古くから多くの推理小説の主要な筋立てに使わ

---

[*]　アルゴリズム(algorithm)は，とくに暗号用語ではなく，手順とか算法とかを意味する用語で，広く使われています．

れていますが，もっとも有名なのは，ポー*の『黄金虫』に使われている暗号でしょう．そこで，クイズです．

〔**クイズ**〕 表7.4の暗号を解読してください．解く手順は，前節の場合とよく似ています．**

表7.4 『黄金虫』の暗号文

```
53‡‡†305))6*;4826)4‡.)4‡);806*;48†8¶60))85;1‡(;:‡*8†83(88)5*†
;46(;88*96*?;8)*‡(;485);5*†2:*‡(;4956*2(5*−4)8¶8*;4069285);)
6†8)4‡‡;1(‡9;48081;8:8¦1;48†85;4)485†528806*81(‡9;48;(88;4(‡
?34;48)4‡;161;:188;‡?;
```

暗号化と解読の知恵較べ

前節では，手間はかかったものの，平文が持つ言語のくせをとことん利用して，暗号解読に成功しました．暗号作成者としては悔しい限りです．それなら，暗号を作るに際して言語のくせを隠すふうをしなければなりません．

暗号解読にいちばん大きな手掛りを与える言語のくせは文字の出現確率でしたから，この確率に細工をしましょう．表7.5を見てください．出現確率が0.193(表5.4)もある□(スペース)に，イ，ロ，

---

* エドガー・アラン・ポー(Edgar Allan Poe, 1809〜49)．アメリカの小説家で怪奇と幻想の中に美を追求し，後世に影響を及ぼしました．暗号の研究家としても知られています．日本の探偵小説家・江戸川乱歩は，その名をもじったものといわれています．
** 〔**クイズの答**〕 恐縮ですが，『黄金虫』，ポオ小説全集4，創元推理文庫，東京創元社，1974，などをごらんください．

第7章　暗号解読の原点

表7.5　だましのテクニック（秘匿度数方式といいます）

文字	暗号	確率	文字	暗号	確率
□	イ	0.048	D	ソ	0.031
□	ロ	0.048	L	ツ	0.029
□	ハ	0.048	F	ネ	0.023
□	ニ	0.048	C	ナ	0.023
E	ホ	0.035	U	ラ	0.021
E	ヘ	0.035	M	ム	0.020
E	ト	0.035	Y	ウ	0.016
T	チ	0.040	G	キ	0.016
T	リ	0.040	P	ノ	0.016
A	ヌ	0.032	W	オ	0.015
A	ル	0.032	B	ク	0.012
O	ヲ	0.064	V	ヤ	0.008
N	ワ	0.057	K	マ	0.004
R	カ	0.053	X	ケ	0.002
I	ヨ	0.053	J	フ	0.001
S	タ	0.050	Q	コ	0.001
H	レ	0.044	Z	エ	0.001

ハ，ニの4つの暗号文字を与え，順繰りに使うことにします．そうすると，イ，ロ，ハ，ニの各文字の出現確率は0.048くらいになるはずです．

　同じように，0.104の出現確率をもつEには，ホ，ヘ，トの3文字を与えて，それぞれの確率を0.035に減らします．また，TとAには2文字ずつを与えて，それぞれの確率を0.040と0.032に減らしましょう．そして，O〜Zの23文字には1つずつの暗号文字を与えます．

　このような細工の結果，27個の平文文字は34個の暗号文字に化け，それらの出現確率は表7.6のような値に変わっています．この

表 7.6 手掛りが消えた？

暗号文字	確率	暗号文字	確率
ヲ	0.064	ソ	0.031
ワ	0.057	ツ	0.029
カ	0.053	ネ	0.023
ヨ	0.053	ナ	0.023
タ	0.050	ラ	0.021
イ	0.048	ム	0.020
ロ	0.048	ウ	0.016
ハ	0.048	ヰ	0.016
ニ	0.048	ノ	0.016
レ	0.044	オ	0.015
チ	0.040	ク	0.012
リ	0.040	ヤ	0.008
ホ	0.035	マ	0.004
ヘ	0.035	ケ	0.002
ト	0.035	フ	0.001
ヌ	0.032	コ	0.001
ル	0.032	エ	0.001

出現確率には，英文における指数曲線的な傾向は，ほとんど見られません．だいいち，文字が34個もあります．だから，表7.5を鍵として作られた暗号文を見ただけでは，平文が英文であるとは，おしゃかさまでも気がつかないはずなのです．

ただし，表7.6を130ページの表5.4と見較べていただけばわかるように，表7.6のちょうど右半分のソ，ツ，ネ，……，エの17字の部分は，表5.4のD，L，F，……，Zの部分と出現確率が一致しているので，このあたりから暗号解読の糸が手繰られる恐れがあります．

したがって，ぜいたくを言えば，□(スペース)を20個くらいの

暗号文字に分解し，Eは10個，Tは8個，Aは7個，OとNは6個，……というように分解して，大部分の暗号文字の出現確率を0.01均一にしてしまいたいのです．

しかし，暗号文字の個数がふえると，暗号を送るための通信速度が落ちてしまいます．通信するためには0と1とで符号化する必要がありますが，パリティチェックや誤り訂正のための符号は別にして

暗号文字が27個(平文と同じ)なら

$2^5 = 32 > 27$　だから　5ビット

暗号文字が34個(表7.6)にふえると

$2^6 = 64 > 34$　だから　6ビット

が必要になります．さらに，□を20個に分割するなどして，暗号文字の個数がふえれば通信用の符号も長くなり，通信の効率が落ちることは避けられません．

もちろん，なるべく通信の効率を落とさずに言語のくせを隠したり，欺瞞する方法も考えられます．たとえば，暗号文字の個数を減らすとともに，暗号文字の出現確率が

$$\left.\begin{array}{l} \square \begin{cases} \text{イ} & 0.064 \\ \text{ロ} & 0.064 \\ \text{ハ} & 0.064 \end{cases} \quad E \begin{cases} \text{ホ} & 0.064 \\ \text{ヘ} & 0.040 \end{cases} \\ A \to \text{ヌ} \quad 0.064 \qquad T \begin{cases} \text{チ} & 0.064 \\ \text{リ} & 0.016 \end{cases} \end{array}\right\} \quad (7.2)$$

になるように細工すれば，表7.5より暗号文字が3個少ないにもかかわらず，暗号解読のむずかしさは低下しないように思われます．ただし今度は，暗号文作成の手数がかなり増してしまうでしょう．

このように，平文の文字を他の文字に換えるにすぎない換字型の

暗号に限ってみても,暗号を解読されにくくする——「暗号の強度を高める」といいます——ためには,暗号文を作る手数が増大したり,通信の効率が低下するなどの代償を払わなければなりません.

いっぽう,換字型の暗号を解読する立場からは,どうでしょうか.一般に,どのようなタイプの暗号でも,作るよりは解くほうが格段に難しいものです.事実,174ページ表7.1の暗号文は,180ページの式(7.1)の鍵によって換字して作っただけなのに,それを解読するために,175ページから6ページもの思考と作業が必要だったではありませんか.

しかしながら,人間の作り出した暗号なら,同じ鍵と同じアルゴリズムで作られた暗号文の一定以上の長さを入手しさえすれば,気の遠くなるほどのぼう大な作業を要するかもしれないけれど,理論的には必ず解くことができるといわれています.

たとえばの話,174ページの表7.1のような,24種類の文字が使われている暗号文を入手したとしましょう.その24文字に対して,27種類(スペースを含む)のローマ字に片っぱしからペアを組ませてみるのです.その組合せ方には

$$_{27}P_{24} \fallingdotseq 1.8 \times 10^{27} \quad \text{とおり} \tag{7.3}^*$$

もあります.この値は気が遠くなるような,どえらい大きさなのですが,理屈だけからいえば,これらのすべてのケースについて暗号

---

* 異なる27個から24個を取り出して1列に並べる並べ方は

$$_{27}P_{24} = \frac{27!}{(27-24)!} = \frac{27!}{6}$$

だけあります.これに自然数の場合の**スターリングの公式**

$$n! \fallingdotseq e^{-n} n^n \sqrt{2\pi n}$$

を適用すると式(7.3)の値が求まります.

第7章 暗号解読の原点

文をローマ字に書き換えてみれば，その中から平文を発見できるはずなのです．

はずなのですが，現実の作業としてはどうでしょうか．かりに，コンピュータに1秒に1ケースのスピードでローマ字に書き換えた文章を表示してもらい，それが意味をもつ文章になっているか否かを判定するとしましょう．そうすると，1時間で3600ケース，24時間で$8.6×10^2$ケース，1年で$3×10^7$ケース，……と積み重ねても

　　　　コンピュータ1000台で100万年かかって　$3×10^{16}$ケース

くらいしか消化できません．これを式(7.3)と較べると，まったく目に見えない程度の一部にも達しません．このように，すべての組合せを調べてみるという暗号の解き方は，理論的には可能であっても，現実には不可能なことが多いのです．

そのため，暗号を作るほうは式(7.3)のようにべらぼうな大きさの組合せを利用するし，いっぽう，暗号を解くほうは，このような値をうまく避けなければなりません．想像を絶するような大きな値を天文学的な値といいますが，**暗号学的な値**ということがあるのも，そのためです．

こういうわけで，あらゆる組合せを調べて暗号を解くのは不可能なことが多いので，やはり，言語のくせを手掛かりにして暗号解読に挑むのが原則です．暗号文字の出現確率，2文字の連なりや3文字の連なりの出現確率，ある文字の前や後にくる文字の確率(表7.7参照)などを丹念に調べ，ひょっとすると表7.5のような細工が施されているかもしれないとの疑いをもって，いろいろな組合せで集計・分析していくほかありません．

暗号作成者が，どんなに巧妙に言語のくせを隠そうとしても，完

表 7.7 英語のくせ(数字は出現確率%)[*]

順位	2連文字	後続文字	先行文字
1	TH (3.4)	Q のあとに U(100)	H のまえに T (59)
2	HE (2.7)	Z のあとに O (67)	Z のまえに I (56)
3	AN (1.9)	V のあとに E (66)	F のまえに O (42)
4	ER (1.9)	B のあとに E (47)	N のまえに G (40)
5	ON (1.9)	H のあとに E (47)	D のまえに N (34)

全に隠しきれることは不可能であり,必ずくせの痕跡は残るものですから,それを見つけ出し,そこから芋づる式に全貌を解明するしか名案はないのです.もちろん,たいへん根気のいる作業なので,コンピュータの力が必要であることは,言うに及びません.

なお,「暗号は必ず解ける」という言葉は,くせの痕跡は必ず残るから,それを手掛りにすれば暗号は必ず解けるという意味で使われることもあります.

さらに付言すれば,解読に十分な時間がかかりさえすれば暗号を使う目的は果たされるのですから,解読不能は暗号の必須の条件とは言えないでしょう.

転置式の暗号に苦しむ

つぎの暗号を解読してください.こんどの暗号は換字式ではありませんから,だいぶ勝手がちがいます.

$$PQASLCNIEODTAMQQSEVMEQIE \quad (7.4)$$

---

[*] 「暗号解読」,吉川武志・原昭夫(『数理科学』,ダイヤモンド社,1968 年 11 月号)のデータをもとに作成しました.

いかがでしょうか．EとQが4回ずつ，A，I，M，Sが2回ずつ使われていますが，データが僅か24個ですから，これらの文字が英文において出現確率の高い文字と関連あるか否かは即断できません．ただ，スペースを示す文字として出現確率が小さいQやZが使われることもあると聞きますから，Qがスペースを示している可能性があることは念頭におきましょう．

それにしても，解読の手掛りがなかなか見つけにくいので，ヒントを差し上げましょう．なん文字かをとばしながら文字を拾い読みしてください．

暗号文の頭から3字とびに文字を拾い出すと，PLEASEと読めるはずです．つづいて，3文字をとばして文章の頭に戻ってください．そこはすでに使用ずみのPですから，そのつぎのQから同様に3文字とびに文字を拾うと，QCOMEQと並びます．以下，同様に暗号文のすべての文字を拾いつくし，Qをスペースとすると，この暗号文は

　　　PLEASE　COME　AND　VISIT　ME

と読めるではありませんか．

表7.8　鍵は6×4の升目

P	L	E	A	S	E
Q	C	O	M	E	Q
A	N	D	Q	V	I
S	I	T	Q	M	E

実はこの暗号文は，平文を表7.8のように4行に分けて書き，それを1列目から6列目までの縦方向に読みとったものにすぎません．このような暗号を**転置式**の暗号といいます．平文の文字をそのまま

使い，位置を置き換えて暗号文にしたものだからです．

転置式の暗号は，なん文字おきかで拾い読みをするだけで解読できるから，暗号としては幼稚だと思われがちですが，必ずしも，そうではありません．その証拠に，つぎの暗号を解読してみてください．

　　EQIESEVMAMQQEODTLCNIPQAS　　(7.5)

この暗号は(7.4)と似ていますが，なん文字おきに拾い読みしても，意味のある英文にはならないではありませんか．気がつかれた方も多いと思いますが，この暗号文は表7.8を6列目から1列目へと読みとったものにすぎません．しかし，これを見破るためには，暗号文の尻のほうからとびとびに読みとるなどの模索が必要で，かなり手こずります．

(7.4)の暗号文と(7.5)の暗号文の鍵は，いずれも表7.8で，同じです．ただし，その鍵を使うアルゴリズムが異なったので，暗号の強さに差が生じました．鍵のほうも平凡な升目ばかりでなく，いろいろな幾何学模様が利用できますから，いくらでもむずかしい暗号が作れます．

その一例として

　　とためくめいしりみあをてわけまさるばけさつらうな　　(7.6)

という24字の暗号文を平文に直していただきましょうか．

こんどは手ごわいですぞ．24文字ですから，転置式の暗号なら3×8か，4×6か，6×4か，8×3の升目が鍵になっているにちがいないと見当をつけて試してみても，うまくいきません．

それもそのはず，こんどの鍵は表7.9のような虫喰いなのです．このような市松模様もどきの鍵を暗号の送信者と受信者が持ってい

て，それを利用する転置式の暗号が(7.6)だったわけです．

表7.9　こういう鍵もある

つ		ま	を		め	と
ら	ば	さ			い	た
	け		て	み		め
う		る	わ		し	く
な	さ		け	あ	り	

この鍵と，それから「平文は横書き，暗号文は右端から縦読み」というアルゴリズムを知らなければ，(7.6)が

　　　　　妻をめとらば才たけて　みめうるわしく情あり

という，与謝野鉄幹作「人を恋うる歌」の一節であることを見抜くのは容易ではありません．

このように転置式の暗号は，鍵さえ共有すれば暗号を作ったり復号したりすることが容易でありながら，鍵を持たない第三者にとっては解読しにくいので，非常に古くから使われてきました．なにしろ，紀元前数百年の昔に，スキュタレーと呼ばれる転置式の暗号が使われていたのだそうですから．その原理は，だいたい，つぎのとおりです．

スパルタの最高司令部では，遠隔地へ派遣する部隊の指揮官に丸棒を持たせておきました．司令部にも同じ直径の丸棒が保管してあり，遠隔地の司令官に命令を送るときには，その丸棒に図7.1のように幅が狭い紙テープを巻きつけて，丸棒の軸方向へ命令文を書きつけるのです．

棒からテープを外すと，テープに残された文字は転置式の暗号文になっているので，このままでは解読できません．このテープを届

けられた派遣先の司令官が，持参してきた丸棒にこのテープを巻き付けると，命令文が正しく読みとれるという仕掛けです．この丸棒をスキュタレーと言ったので，それを使った暗号も同じ名で呼ばれているのだそうです．

図7.1 スキュタレー暗号の原理

乱数表も登場

スパイの7つ道具とはなにとなにを指すのかを私は知りません．しかし，そこに乱数表が含まれていることは間違いないでしょう．

　乱数表は106ページの表4.7のように，0から9までの数字をランダムに並べたもので，平文を暗号化するときに，よく使われます．ランダムというのは，無作為，つまり人間の意思にまったく無関係ということですから，乱数を利用することによって平文が持っている人為的なくせを消し去ることができようというものです．たとえば，つぎのように使います．

　換字式の暗号のうち，もっとも古典的なのは**シーザー暗号**です．たとえば，アルファベットを3文字ずつずらし

$$
\begin{array}{cccccccc}
A & B & C & D & E & \cdots\cdots & X & Y & Z \\
\downarrow & \downarrow & \downarrow & \downarrow & \downarrow & & \downarrow & \downarrow & \downarrow \\
D & E & F & G & H & \cdots\cdots & A & B & C
\end{array} \tag{7.7}
$$

と換字して暗号文を作るのですが，これでは，「3字」という鍵に

第7章 暗号解読の原点

気づかれると,わけなく解読されてしまいます.

そこで,暗号の発信者と受信者が共通に持っている乱数表に従って,ずらす文字数を1文字ごとに変えてしまいます.共通の乱数表が表4.7のように

　　　8 2 6 9 4 1 0 1 ……

であるとして,この乱数を使って

　　　ATTACK

を暗号化してみましょうか.まず,Aをアルファベット順に8つずらすとIになります.つぎに,Tを2つずらすとV,そのつぎのTを6つずらすとZ,……というぐあいに作業をすると,ATTACKは

　　　IVZJGL

と暗号化されます.

いっぽう,この暗号文を受信したほうでは,1文字ごとに乱数に従ってアルファベットの文字を繰り上げて読めば,ATTACKという平文を得るという理屈です.こうすることで,シーザー暗号の強度は格段に向上します.乱数表が敵の手に渡らない限り,暗号を解読される心配は減るでしょう.

もっとも,この乱数の使い方は,シーザーの時代(紀元前1世紀)ならともかく,コンピュータの発達した現在では容認できません.なぜかというと,つぎのとおりです.使用した乱数は0~9までですから,平文のAは,AからJまでの10個の暗号文字に等しい確率で振り分けられます.つまり,Aの出現確率の1/10ずつがAからJまでの10文字に配分されるわけです.同様に,Bの出現確率はBからKまでの10文字に1/10ずつ配分されるし,C以下につい

ても同じです.

これを逆に暗号文に使われた文字のほうから見れば，Aの出現確率は平文におけるR, S, ……, Y, Z, Aの出現確率の，1/10 ずつが合計された値であることを意味します．暗号文字のほうには( )をつけ，文字そのものが同時に出現確率を表わすことにすると，スペースは考慮外として

$$(A) = 0.1(\overbrace{R + S + \cdots\cdots + Y + Z + A}^{10 個}) \qquad (7.8)$$

の関係があることになります．このような方程式は(B), (C), ……(Z)の26文字について作ることができますから，これらを連立して解けば，(A), ……, (Z)のグループとA, ……, Zのグループどうしの関係が明らかになります．* したがって，暗号文をたくさん入手して(A), ……, (Z)の値が確かになってくるにつれて平文における文字の出現確率も露見し，言葉のくせから芋づる式に平文が読みとられてしまう理屈です．

このような事態を避けて乱数の効果を最大に発揮するには，26個の文字に対して，0〜25の26個の乱数を使うに限ります．そうすることで，平文の文字の出現確率は暗号文のすべての文字に均等に配分されるので，暗号解読の手掛りとはならないのです．

188ページと190ページに，それぞれ独立に「暗号は必ず解ける」という意見をご紹介しましたが，「もし，ほんとうの乱数を作り出せたら絶対に解読できない暗号ができる」という意見もありま

---

* 式(7.8)などを連立して解くときには

$A + B + \cdots\cdots + Z = 1$

の関係も使ってください．

す．

　これは，人為的なくせのない乱数を作ることがいかに難しいかを訴える意見でもあるのですが，解読にじゅうぶんな時間がかかる暗号であれば実用上の目的は達するという立場からいえば，市販されている乱数表をじょうずに利用することで，じゅうぶんな暗号強度が確保できるように思います．もちろん，乱数表が敵の手に落ちなければの話ですが……．

　因みに，いま話題のビットコインは暗号通貨とも呼ばれますが，ここで使われる秘密鍵には，乱数が用いられています．

　暗号解読の原点を探るために，この章では，古典的あるいは伝統的な暗号の作り方や解き方を見てきました．これらの暗号は，

$$\left\{\begin{array}{l}\text{換字式}\\ \text{転置式}\\ \text{混合式}\\ \text{挿入式}\end{array}\right.$$

に分類して解説されることが多いようです．

　換字式の暗号については，この章の前半で多くのページを費やして，その一例を解いてみました．現実には，秘匿度数方式(表7.5)を使ったり，換字の回数をふやしたり，乱数をからませたりした強い暗号が使われてきたようです．そこで，解読するほうも，言語のくせを手掛りにしてぼう大な作業をするばかりではなく，敵の行動パターンと照合したり，諜報活動によって暗号の鍵やアルゴリズムの入手を図るなど，あの手この手を総動員して解読に努めてきました．

転置式の暗号では，あらゆる種類の幾何学的な配置が利用できるので，暗号の作り方も多彩です．しかし，言語のくせが完全に消えるわけではありませんから，そこに解読の手掛りは残ります．また，解読にあたっては，図形や方陣*についての広汎な知識からヒントが生まれるかもしれません．もちろん，あの手この手が有効な手段であることは言うまでもありませんが……．

　混合式は，換字と転置を併用したもので，直感的に考えても，解読はいっそう困難を極めそうです．

　挿入式というのは，平文の文字の間に不必要な文字を挿入して，解読しにくくするタイプです．当然，暗号文が長くなり，通信に時間がかかるとともに，発信源が発見される危険性も増すので，あまり使われません．で，この本でも省略しました．

＊　n 行 n 列の魔方陣には $1 \sim n$ の数字が入り乱れて配置されるので，その順に文字を書き込めば転置式の暗号を作ることができます．また，オイラー方陣も，暗号の鍵としてぴったりです．各種の方陣については，拙著『数理パズルのはなし』(日科技連出版社)をご参照ください．

第 *8* 章

IT 社会の暗号
―― 現代暗号の誕生 ――

IT ネットワークと暗号

「必要は発明の母」といわれます．日常生活で感じた不便を解消するための実用新案的な発明をはじめ，人類を疫病や苛酷な労働から解放し，食料を安定して入手するためになされた発明や科学技術の進歩は，もとはといえば，必要性から生まれたものでした．気どっていえば，ニーズ・オリエンテッドだったわけです．

ところが，IT に関して言えば，そのスタートは，かなり気配が異なります．科学技術のほうから，こんなものができたから使わないかと押し売りされて，必要性が後から追ってくるような感じがしませんか．これを気どっていえば，シーズ・オリエンテッドですね．

その代表が，ケータイ電話でしょう．確かに緊急時の便利さなどは抜群ですが，しかし，いつ，どこでも，誰とでも喋れるなどという必要性がもともとあったのでしょうか．しかも，その会話の大部分は，どうでもいいことばかりです．だから，硬骨の先生方からは

「ケータイこそ人間を電波の下僕として，青少年の軽薄を助長するもの」とか「そんな暇があるなら，良書の一冊でも読むほうが……」など，きつい批判の声があるのです．

それにもかかわらず，世はIT時代です．そして，IT時代を最も象徴するのは通信ネットワークです．IT社会の最大の特色は通信ネットワーク社会であると言ってもいいでしょう．そして，このネットワークはムダ話にも使われますが，社会活動の本質にかかわる重要な情報の交換に使用されることが主目的です．

たとえば，インターネットを利用した乗車券や宿などの予約，街角のATMでの預金の引き出しなど，その恩恵には計り知れないものがあります．また，各種の商取引に伴う見積り，入札，契約，決済などもネットワーク上で行なわれていますし，今後，選挙をはじめ多くの行政事務がネットワーク上で処理されるようになるでしょう．国の内外を問わず，です．

その場合，ネットワークを駆け巡る各種の情報が盗まれたり，改ざんされたり，にせ情報が流されたり，まちがった相手に届いたりしたら，どうなるでしょうか．しっちゃかめっちゃかになって，社会の秩序が破壊されてしまいかねません．そこで，その安全を保つために暗号が使われます．すなわち，通信ネットワークを流れる情報のすべてを暗号化して送受信するのです．

その際，暗号は**守秘機能**（秘匿機能ということも多い）と**認証機能**の両方を果たしてくれます．どういうことかというと，つぎのとおりです．

暗号文が第三者に洩れても，鍵を持たない第三者には解読できませんから，情報の洩れを阻止できます．これが守秘機能であり，暗

号の本来の目的はここにあります.

認証機能のほうは，暗号の送り主が自分であることを相手に信じてもらうことです．また，暗号を受け取ったのが間違いなく送り先の本人であり，通信の内容も改ざんされたりせずに正しく伝わっていることを保証する機能のことです．

たとえば，つぎのような例を考えてみてください．ある取引きをしようと思う相手がいます．まだ逢ったことはありませんが，暗号の鍵は共通に持っています．その相手に「つぎの金曜日の10時ちょうどに私の事務所にご足労ください．右手に『情報数学のはなし』をご持参ください」と暗号文を送ったとしましょう．

つぎの金曜日の10時ちょうどに，右手に『情報数学のはなし』を握りしめた人物が私の事務所に現れました．この人物が私の取引き相手であることは間違いありません．私と2人しか知らない鍵によって暗号を解けるのは，この相手しかいないはずだからです．ついでに，暗号の内容が正しく伝わったことも確認できました．これも暗号のおかげです．暗号が果たしてくれるこのような機能を認証機能と呼んでいるわけです．

さて，IT社会の通信ネットワークでは，守秘と認証の機能を期待して暗号を使うのですが，暗号そのものが前章の暗号とは異なります．異なる理由は2つあります．

前章では，かつて軍事や外交などで使われた暗号の基本型と，その解き方をご紹介しようと試みました．したがって，軍の司令部が派遣隊の指揮官に命令を送るとか，本国から出先の外交官に指示を送るというような，ごく限られた単純な通信ルートに流す暗号を想定していました．古典的な暗号と呼ばれるものです．

ところが，IT 社会の通信ネットワークでは，たとえば1つの金融機関と数百万人のユーザーの通信を個別の暗号で保全するとか，あるいは，数百万人どうしが作り出す(数百万)^2/2*もの通信ラインを暗号で保全するというような規模を想定して，暗号のあり方を考える必要があります．これが理由のひとつです．

もうひとつの理由は，つぎのとおりです．第二次世界大戦(1939～45)中にも，各国とも優れた数学者を集めて暗号の作成や解読の実務と研究に取り組んでいましたが，戦後になって，その研究の一部が論文として公表されました．そのため，高等な数学を使った暗号がつぎつぎと考案されていったのです．それらの暗号が IT 社会の通信ネットワークにも使われるようになったので，前章とはスタイルの異なる暗号が登場したという次第です．

高度な数学を使った暗号から連想したショッキングな話があるので，ご紹介しようと思います．ある経済学者から聞いた話にすぎず，私には真偽を判断する能力がありませんので，念のため．

20世紀最後の10年間，アメリカが未曾有の好景気に湧いたのに対して，日本にとっては「失われた10年」であったといわれました．この差はなにから生まれたのでしょうか．それは，日本がアメリカとの金融戦争に負けたからだそうです．そして，日本が被った損害は，ゆうに日本の国家予算を上回るというのです．これでは，日本の景気が低迷したのも当然ですね．

では，なぜ日本はアメリカとの金融戦争に負けたのでしょうか．

---

* n 個の端末どうしを結ぶラインの数は $n(n-1)/2$ です．これは約 $n^2/2$ ですから，n が大きくなると，ぼう大な値になります．

それは，金融工学と暗号における数学力の差なのだそうです．アメリカでは，多数の優れた数学者が金融界に集められて，デリバティブ(金融派生商品)などの商品を生み出すいっぽう，その取引きに使われる暗号を解読するなどして，金融戦争で大きな利益を上げていたというのです．

日本の大手メーカーでも，理系出身の社員を物作りの部門にではなく，財務部に投入するのを苦々しく思っている私としては，こういう経済活動は人類に富をもたらさず，社会の歪を増長するばかりだと思うのですが，いかがでしょうか．ましてや，暗号解読までが経済活動の一部とは……．腹を立てると，今晩の酒がまずくなりそう．気を取り直して，IT社会の切り札ともいえる暗号の話にすすみましょう．

共通鍵と公開鍵

通信ネットワークで使われる暗号の形式は，共通鍵暗号方式と公開鍵暗号方式に大別して考えるのがふつうです．確かに，そのほうが理解しやすいようです．この節も，そのふつうに従いましょう．

まず，**共通鍵暗号方式**から始めます．この方式は，送信者と受信者があらかじめ同じ鍵を持っていて，送信者はその鍵で平文を暗号化して送信し，受信者は受け取った暗号文を同じ鍵で復号(平文に戻す)して読みとる方式ですから，だれにとっても当り前の暗号です．前の章で例示したいくつかの暗号は，すべてこの方式でした．180ページの式(7.1)を鍵とした換字式の暗号も，191ページの表7.8や193ページの表7.9を鍵とした転置式の暗号も，もっとも古

典的なスキュタレー暗号も，シーザー暗号も，すべて共通鍵方式の暗号だったわけです．

この方式は，鍵をあらかじめ通信相手に配送しておく必要があるので，鍵配送問題と呼ばれるものが常につきまといます．なお，この方式は，第三者には鍵を秘密にしなければならないので，**秘密鍵暗号方式**と呼ばれたりもします．いずれにしても，共通鍵というのは2人にとってだけ共通なのであって，全員に共通なのではありませんから，ご注意ください．あまりじょうずな呼び名とはいえませんね．

ところで，この方式は長い歴史をもつふつうの暗号のやりとりなのですが，IT社会の通信ネットワークとの相性はどうでしょうか．これが問題なのです．

ネットワークの端末にいる個人が，不倫の相手や悪友とメールやLINEで行なう情報交換の内容を他人に知られたくない，という程度のことであれば，換字式でも転置式でも，どうぞ共通の鍵を約束しておいて，お好みの暗号で情報交換をなさってください．僅かに通信時間が長くなることがあるかも知れませんが，ほとんど誰にも迷惑をかけないでしょう．

ところが，ある企業が多くの関連企業や顧客との取引きを共通鍵方式の暗号で保全する場合を考えてみてください．これは，たいへんです．まず，多くの取引先ごとに別個の共通鍵を作り，それぞれの相手に配送しなければなりません．その過程で，鍵が外部に洩れてしまうおそれがあります．

さらに，鍵の管理もたいへんです．移ろいやすい現代では，取引き相手がダイナミックに変動しますから，鍵を共有している相手と

その鍵を，いつも正確に管理するのは容易なことではありません．

通信ネットワークの規模が小さいうちは，これらは克服不能な欠点とはいえませんが，規模が大きくなるにつれて，端末どうしの組合せはほぼその2乗に比例して(202ページ脚注)増大しますから，これらの欠点は致命的になりかねません．

そのため，アメリカでは，**DES**(Date Eneryption Standard)という暗号の国家標準規格が作られました．DESの仕組みについては，つぎの節でご紹介する予定ですが，この規格が作られたおかげで，暗号が管理しやすくなったり，暗号器が安価になるなど，多くの利益がもたらされたといわれています．

それにしても，ネタを隠しておくはずの暗号に標準規格ができたというのは，不思議な話ですね．ぜひ，つぎの節を見ていただきたいものです．

お待たせしました．こんどは**公開鍵暗号方式**をご紹介します．暗号を規格化したのも驚くけれど，鍵を公開するのは，もっと驚きですね．いったい，どういうことでしょうか．

私たちが承知している暗号では，平文を暗号化するときに使う鍵と，暗号文を復号して平文に戻すときに使う鍵とが，いつも同じものでした．だから，送信者と受信者の両方が同じ鍵を持つ必要があり，この共通鍵を配送したり，安全に保管するのが，厄介な仕事になるのでした．

そこで，ちょっと発想を転換します．もし，暗号化するときに使う鍵では暗号を平文に戻すことができず，また，その鍵を手掛かりにして復号化することができなければ，鍵を秘密にする必要はなく

なるはずです．そうなれば，鍵を公開しても差し支えないでしょう．そうすると，鍵を配送したり管理したりする厄介な問題は，一挙に解消するではありませんか．

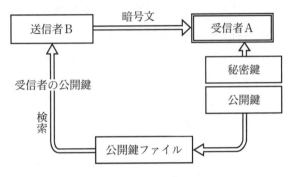

図8.1　公開鍵の成り立ち

図8.1をごらんください．右上に二重枠で囲った受信者の立場で考えていきます．まず，受信者が公開鍵と秘密鍵をペアで作ります．この時，前述のように，この公開鍵で作った暗号はペアの秘密鍵を使わなければ読めないように，また，公開鍵を手掛りにして秘密鍵を作り出せないように，く・ふ・う・しておきます．こうして作った秘密鍵は，受信者の手元で厳重に保管され，いっぽう，公開鍵は，公開鍵ファイルの中に収録されます．電話番号が電話帳に収録されるように，です．

さて，こんどは受信者Aに対して，送信者Bが重要な情報を送ろうとしていると思ってください．送信者Bは，公開鍵のファイルを検索して受信者Aの公開鍵を取り出し，それを使って平文を暗号化して受信者Aに送ります．

この暗号文を受け取った受信者Aは，手元に保管されている秘密

第8章 IT社会の暗号

部屋番号(公開鍵)は公表してある
だから、郵便物(暗号)は届く
自分の鍵(秘密鍵)がないと取り出せない
　　　　　　　　　(復号できない)

鍵を使って平文に復号することで、Bからの情報を正しく受信できるというわけです。万一、BからAへ送られる暗号文が盗聴されても、秘密鍵を持たない第三者に解読される心配はありません。

このように、鍵を公開してしまうので、公開鍵暗号方式と呼ばれるのです。この方式のポイントは、なんべんも繰り返して恐縮ですが、公開されている鍵で作った暗号が、ペアの秘密鍵を使わないと復号できないところにあり、この仕組みを作るためには、高等数学を利用するのがふつうです。私を含めた一般の方にとっては、暗号のむずかしさよりも、高等数学のむずかしさに音を上げてしまうくらいです。それでも、その匂いだけでも217ページからの一節で嗅いでいただこうと思っています。

なお、公開鍵方式の考え方が公表されたのは、共通鍵方式の規格DESが、アメリカ政府の標準暗号として採用された時と同じく1970年代です。こうして、現代暗号理論という、数学者にとっては

うっとりするような，一般の方にとっては悶絶するような分野が確立されたと，いわれています．

共通鍵暗号の元祖 DES

現代の共通鍵暗号の元祖として，DES がアメリカの暗号標準として採用されたのは1979年のことです．あとで具体例をご紹介しますが，図8.2 は DES の成り立ちの概要を描いたものです．

DES では，*0* と *1* に符号化された平文を，64字を1区切りとして扱います．つまり，64 ビット（8 バイト）をひとかたまりとして暗号化するのですが，13 ページに書いたように，1 バイトあればアルファベット，日本のカナ文字，数字，日常的な符号などをすべて識別できるのでしたから，64 ビットは相当の情報量です．

あとで具体例を紹介しますが，図8.2 の最上部の平文は，64 個の *0* と *1* で表現されています．それを半分に分けて，左半分の 32 個を L_0 の欄に，右半分の 32 個を R_0 の欄に入れます．これで準備が終わり，つづいて第1段階の暗号化へすすみます．[*]

まず，第1段階の 32 ビットの鍵 K_1 と R_0 とで作られる非線形[**]の関数

$$f(R_0, K_1) \tag{8.1}$$

---

[*] 実際の DES では，平文を転置してから暗号化の作業にはいり，最後に再転置して暗号文とするのですが，ここでは，転置を省略しました．

[**] 線形というのは，1次式のように基本要素が1次結合している状態をいい，これは暗号解読の手掛りを与えることが多いので，非線形にするわけです．

第8章 IT社会の暗号

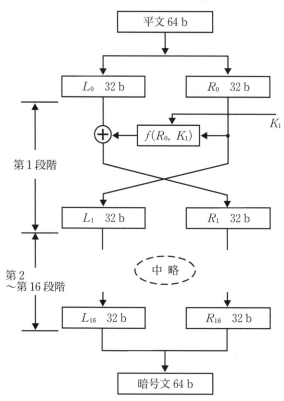

図8.2 DES暗号の成り立ち

を L_0 に加えるのですが、このときの加法は、162ページの式(6.18)の法則に従う**排他的論理和**です。なお、この5行は理解していただく必要はありません。あとで例題を見ていただきますから。

このように $f(R_0, K_1)$ が加えられた L_0 は、こんどは右側の R_1 へはいります。そして、R_0 の32ビットはそのまま L_1 へはいります。

つまり,右半分と左半分を入れ換えてしまうわけです.

第2段階も,同様です.ただし,L_1には$f(R_1, K_2)$が加えられてR_2となり,R_1はそのままでL_2へ移っていきます.ここでK_2は第2段の鍵で,やはり32ビットです.

このような手順を16段階にわたって実行し,最後に,L_{16}とR_{16}を合体させると64ビットの暗号文ができ上がります.

DESでは,このような暗号のアルゴリズムを規格化して公表しています.秘密にされる共通鍵はK_1からK_{16}までの16個の鍵と$f(R_{i-1}, K_i)$の関数形だけです.

DESに馴染んでいただくために,もっとも小規模な2段しかないミニミニDESで,8ビットの平文を暗号化してみましょう.そして,2段の鍵とf関数を知ってさえいれば,暗号を復号できることも確かめてみようと思います.その過程で,左半分と右半分を入れ換えるという不審な行為に,重要な意味があることにも気がつかれるはずです.図8.3を見ながら,付き合っていただけますか.

*0と1*とで符号化された8ビットの平文は「*10010101*」です.これを左右2つに分けて,左半分の「*1001*」はL_0へ,右半分の「*0101*」はR_0へ入れてください.このうち,R_0へはいった「*0101*」は,そっくりそのままL_1へ移します.

L_0の「*1001*」には,第1段の鍵K_1とR_0によって決まる関数f_1の値を加えてから,R_1へ移す必要があります.私たちのミニミニDESでは

$$f_1 = R'_0 \oplus K_1 \tag{8.2}$$

とし,このうち,第1段の鍵K_1は

第8章 IT社会の暗号

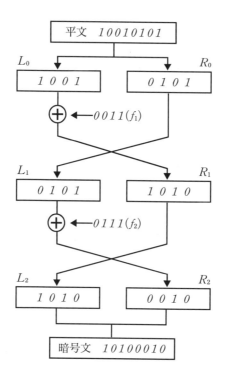

図 8.3 ミニミニ DES 暗号

$$K_1 = 0001 \tag{8.3}$$

と約束しましょう．また，R'_0 は f_1 を非線形にするために表 8.1 によって決まる値としましょう．ここでは R_0 が 0101 でしたから

$$R'_0 = 0010 \tag{8.4}$$

とするわけです．そうすると

$$f_1 = R'_0 \oplus K_1$$

表 8.1 R から R' への換算表

R_i	R'_i	R_i	R'_i
0000	0101	1000	1011
0001	1000	1001	1101
0010	1010	1010	1100
0011	0100	1011	1011
0100	1110	1100	0000
0101	0010	1101	1111
0110	0001	1110	0011
0111	0111	1111	0100

$$= 0010 \oplus 0001 = 0011 \tag{8.5}^*$$

です．したがって私たちは，L_0 の「1001」に式(8.5)の値を加えて，それを R_1 に入れるのですから

$$R_1 = 1001 \oplus 0011 = 1010 \tag{8.6}$$

ということになりました．これで暗号化の第1段は終わりです．

さらに第2段へ進んでください．いま求めたばかりの R_1 の値は，そのまま L_2 へ移します．L_1 には

$$f_2 = R'_1 \oplus K_2 \tag{8.7}$$

を加えてから R_2 へ移さなければなりません．表8.1をごらんください．R_1「1010」に対応する R'_1 は「1100」です．また，第2段の鍵 K_2 は

$$K_2 = 1011 \tag{8.8}$$

と約束することに同意してください．そうすると

---

* 排他的論理和の法則は，つぎのとおりです(162, 237 ページ参照)
$0 \oplus 0 = 0$　　$0 \oplus 1 = 1$
$1 \oplus 0 = 1$　　$1 \oplus 1 = 0$

$$f_2 = 1100 \oplus 1011 = 0111 \tag{8.9}$$

となります．したがって，R_2 にはいる 4 ビットは

$$0101 \oplus 0111 = 0010 \tag{8.10}$$

です．これで作業は終了．でき上がったのは

$$10100010 \tag{8.11}$$

という 8 ビットの暗号文でした．

こんどは，「10100010」という暗号を送り付けられた立場で，この暗号を復号して平文を求めてみましょう．ただし，2 つの鍵 K_1，K_2 と $f(R_{i-1}, K_i)$ の形（表 8.1 を含む）は，事前に知らされているものとします．

恐縮ですが，図 8.3 を下のほうから眺めてください．暗号文を半分ずつに分けると

L_2 は　1010　　　R_2 は　0010

となり，同時に，R_1 が L_2 と同じく「1010」であることを知ります．この R_1 を知っていると，L_1 に加えられて L_2 を生み出した f_2 が

$$f_2 = R'_1 \oplus K_2 \quad \text{(8.7)と同じ}$$
$$= 1100 \oplus 1011 = 0111 \quad \text{(8.9)と同じ}$$

であることがわかり，R_2 の値から L_1 の値を逆算できることになります．暗号文を 2 つに分けて，左右を入れ換えながら半分を温存している仕組みの意味が，ここにあります．

さて，L_1 に「0111」が加えられたものが R_2 の「0010」であることがわかりましたから，これから L_1 を逆算してみてください．逆算するには

$$
\begin{array}{r}
\bigcirc\bigcirc\bigcirc\bigcirc \quad \leftarrow L_1 \\
\oplus \quad 0\ 1\ 1\ 1 \\
\hline
0\ 0\ 1\ 0 \quad \leftarrow R_2
\end{array}
\qquad (8.12)
$$

としておいて，L_1 の 4 つの丸印の中に，排他的論理和の法則を満たすように 0 か 1 を書き入れていただけばよく，L_1 は「0101」となるでしょう．これで，L_1 も判明しました．そして，この値は R_0 でもあります．

L_0 のほうも，L_1 を求めたときと同じ手順によって逆算できることは明らかです．あとは，この L_0 と R_0 を並べて書けば 8 ビットの平文が完成し，ミニミニ DES 暗号の復号が終わりです．

いかがでしょうか．ずいぶん複雑で巧妙ですね．この仕組みを 64 ビットの 16 段階に適用するので，アルゴリズムが公開されているとはいえ，規格化された当初は，鍵を知らずに解読できるとは思われていませんでした．

しかし，コンピュータの性能の向上と通信環境の進化により，難攻不落と思われていた DES の牙城も，いつしか崩されてしまいました．インターネット上の数千台のコンピュータを利用して，鍵のとり得るすべての組合せを片っ端から試して崩したのでした．

DES からトリプル DES，そして AES へ

牙城が崩された DES ですが，簡単に消え去ることはなく，次の一手が考えられました．それが，トリプル DES です．この方法は，2 つまたは 3 つの鍵を使って暗号化することで，その強度を高めよ

うとするものです．ただし，トリプルとはいっても，暗号化を3回するのではなくて，暗号―復号―暗号の順でDESを3回行って暗号化するものです．具体的には，Aの鍵を使って平文を暗号化し，Bの鍵で復号し，そして，Cの鍵またはAの鍵で暗号化するものです．なお，Bの鍵による復号は，Bの鍵による暗号化の逆のアルゴリズムを使うので，平文に戻るわけではありません．

このトリプルDESですが，DESの牙城を崩した方法と同じ方法，つまり，考え得るすべての組合せを片っぱしから試すという方法では，とてつもなく強力なコンピュータの力を必要とするため，現時点では，暗号解読に成功していないようです．DESでさえ，標準化された当時は難攻不落と思えたのですから，それを3回も行うトリプルDESでは，さらにハードルが上がったのは，当然といえるでしょう．

しかし，安全性が高まったいっぽうで，この方法では，規格化による利点が失われるという欠点があります．3回のDES処理によって暗号化を行うため，暗号化と復号の処理スピードが劣るという弱点があるのです．

そこで，DESの後継の米国国家暗号標準として，より高速で安全なAES（Advanced Encryption Standard）が，2002年に規格化されました．このAESは，EUの暗号規格や日本の暗号規格でも採用されています．

DESが64ビット（8バイト）で暗号化するのに対して，AESは128ビット（16バイト）で暗号化します．前の節で64ビットを相当な情報量といいましたが，128ビットともなると，もの凄い情報量ではありませんか．DESがコンピュータの高速化によって「時代

遅れ」と称されるようになったことを象徴するような規格ですね.

AESは,換字,転置の処理を繰り返すことで暗号化するという構造になっているので,DESとは構造自体が違います.そして,DESが64ビットをひとかたまりとしていたのに対して,AESは8ビット(1バイト)ごとに16個のブロックに分割したまま管理するところに違いがあります.

少し横文字が多くなって恐縮ですが,日本語の標記も見当たらないので,そのままでご説明することをお許しください.16個に分割されたデータは,まず,SubBytesという処理により,それぞれが置換されます.次に,ShiftRowsという処理によって,一定の規則によってバイト単位で位置を入れ替えます.そして,MixColumnsによる剰余演算が行なわれます.なお,剰余演算については第9章でご説明します.最後に,AddRoundKeyによる演算が行なわれますが,この演算は排他的論理和です.AESは,この一連の処理を1ラウンドとして,これを10回から14回繰り返して暗号化します.また復号は,この処理の逆の変換を逆の順番で行います.これは,暗号化と復号の処理が非対称なためです.ホンと馴染みのない横文字が多くなってしまいました.これ以上書くと「はなしシリーズ」の趣旨から逸脱しますので,あとは専門書に譲ることにします.ごめんなさい.

アルゴリズムを公開すれば,暗号は弱くなるに決まっています.たとえば,シーザー暗号(194ページ)というアルゴリズムを知れば,1文字ずらし,2文字ずらし……と,最大でも26回の試行で解読できるようにです.それにもかかわらず,共通鍵暗号のDESが規格化され,アルゴリズムが公表されたのは,それに見合って余りあ

る利点があるからです.

　もっとも大きな利点は，たくさんのユーザーがそれを使ってくれることです．そうすると，暗号器も復号器も大量に普及するので，コストが安くなります．おまけに，DESでは暗号化と復号化のアルゴリズムが似ていますから，暗号器と復号器に共通部分が多いことも，コスト安を助けてくれるのです.

公開鍵暗号の代表

　公開鍵暗号の小さな小さな実例を作ってみようと，無い知恵を絞って努力してみたのですが，どうしてもうまくいきません．私の学力不足が第一の原因ですが，例題を2〜3ページに納めようとすると，いきなり，$3+5\equiv 1\pmod 7$というような式[*]が現れてしまい，「はなしシリーズ」にふさわしくないのです．そこで，やや本格的な公開鍵暗号については，多少の数理的な準備をしたうえで第9章でご紹介することにして，ここでは，えせ公開鍵暗号のミニ版を見ていただくことにしました.

　小学生くらいの社会を想定します．掛け算はできるので，ある数の3乗とは，その数を3つ掛け合わせた値のことと教えておけば，3乗の値を求めることはできます．しかし，立方根という概念はありませんから，3乗してできた数から元の数を求めることはできません．そして，強引ですが，この社会では平文が

$$0, \ 1, \ 2, \ 3, \ 4 \tag{8.13}$$

---

[*] この式の意味と，この式の価値については，つぎの章でご紹介する予定です.

の5文字だけで書かれていると思ってください．

この社会のある受信者が公開鍵を公表しました．その鍵は「3乗」です．すなわち，平文の0，1，2，3，4を，それぞれ3乗して

   00, 01, 08, 27, 64   (8.14)

と暗号化してくれというわけです．

これに対して，ある送信者から

   0 8 2 7 0 1 0 0 6 4 2 7 ……

という暗号文が送られました．社会のだれもが立方根という概念を持っていないので，この暗号文が外部に洩れても，解読される心配はありません．そればかりか，暗号文を作った本人さえも，平文を破棄したあとでは，この暗号文を解くことができません．

さて，この暗号文を受け取った受信者はどうするでしょうか．彼もこの社会の一員ですから，立方根を求めることはできません．しかし，彼は公開鍵を作るに際して，0，1，2，3，4をそれぞれ3乗してみたところ，式(8.14)のようにすべてが2桁に納まることを確認し，そのメモを残してありました．このメモによって，彼は3乗した値を元の値に戻すことができたのです．このメモが受信者にとっての復号鍵となり，暗号を復号できるというわけです．

ところで，いまの例では

$$\left.\begin{array}{l} x \text{ の値} \xrightarrow{\text{やさしい}} x \text{ の 3 乗の値} \\ x \text{ の値} \xleftarrow{\text{むずかしい}} x \text{ の 3 乗の値} \end{array}\right\} \quad (8.15)$$

という関係を利用して，公開鍵方式を成立させたのでした．このように，関数のある形から他の形に移すのは容易なのに，その逆は極めてむずかしい関数を**一方性関数**といいます．

公開鍵暗号方式では，暗号化鍵と復号化鍵の関係に，一方性関数を利用することが多いようです．とくに，2つの素数どうしを掛け合わせるのは誰にでもできるけれど，掛け合わされた値を元の2つの素数に分解すること(**素因数分解**という)は極めてむずかしいという一方性が利用されています．

素数というのは，ご承知のように1より大きな整数で，1とその数以外の数では割り切れない数のことであり

　　2，3，5，7，11，13，……

と表8.2のようにつづき，無限の個数が存在することが証明されています．

表8.2　素数は，このあと無限につづきます

2	31	73	127	179	233	283
3	37	79	131	181	239	293
5	41	83	137	191	241	307
7	43	89	139	193	251	311
11	47	97	149	197	257	313
13	53	101	151	199	263	317
17	59	103	157	211	269	331
19	61	107	163	223	271	337
23	67	109	167	227	277	347
29	71	113	173	229	281	349

そこで，たとえば

$$347 \times 491 = 170377 \tag{8.16}$$

という計算が，左辺から右辺への計算は容易なのに，右辺から左辺への素因数分解は困難であることを利用します．右辺を暗号化の鍵として公開し，左辺を復号のための鍵として自分だけの秘密にしておこうという寸法です．

もちろん，式(8.16)くらいの桁数では，170377 を 2 で割ってみて，3 で割ってみて，5 で割ってみて……と，表8.2の素数を片っ端から試していけば，ものの数分もかからないで素因数分解ができてしまいますから，あまりに強度が弱すぎて，暗号として実用はできません．現在の公開鍵では，数百桁あるいはその上の桁にも及ぶ素数が使われていると聞きます．コンピュータによる解読能力と暗号強度との果てしない戦いは，止まるところを知りません．

なお，暗号と素数の間には不思議な因縁があるようです．暗号が素数を利用するばかりでなく，暗号の研究中に新しい素数が発見されたりもするのです．[*]

ここまで，共通鍵暗号方式と公開鍵暗号方式について，ご説明してきました．共通鍵方式は外部に鍵が漏れてしまうおそれがある代わりに処理時間が早い，公開鍵方式は安全に鍵を管理できるけど処理時間が遅いという，それぞれに長所，短所がありました．

そこで，それぞれのいいとこどりをした**ハイブリッド方式**が考えられました．この方式は，共通鍵を安全に渡すために公開鍵暗号を使用し，そして，実際のデータの暗号化には共通鍵を使用するというものです．まさにハイブリッドですね．

また，複雑な通信環境に対応するために，属性ベース暗号，IDベース暗号，検索可能暗号などの，新しい暗号方式が生み出されています．

---

[*] 1988 年に日本の NTT が暗号の研究中に
  335203548019575991076297
 という，24 桁の素数を発見したと朝日新聞が報じました．

第 *9* 章

暗 号 の 数 理
—— 高等数学の顔見せ ——

総当たりの数学 —— いくつ調べるか

　暗号を解読しようとすることを，暗号を攻撃するといいます．お
やっと思ういい回しですが，考えてみれば暗号は秘密を守ろうとす
る守備の道具ですから，それを打ち破るのは確かに攻撃なのですね．

　暗号への攻撃法は，おおまかに言えば，暗号に潜むく・せ・を見破り，
それを手掛かりにして暗号を解読する方法と，考えられるすべての
ケースを点検して鍵または平文を見つける方法に分けられるでしょ
う．

　第7章で，英文という言語のく・せ・を手掛かりにして暗号化されたイ
ソップ物語を解読したのは，前者の代表でした．また，暗号文のご
く一部を変えたとき暗号文の性質がどう変化するかを手掛かりにする
差分解読法や，あるいは，暗号文の中の線形性(208ページ脚注)に
着目して連立方程式を解いて鍵を求めようとする**線形解読法**なども，
このグループにはいるでしょう．

これに対して，すべてのケースを総点検して鍵を確定し，暗号を解読する方法については，188 ページあたりで取り上げ，そのぼう大な手数に唖然としてしまったのでした．しかし，いくら手数がぼう大でも，私たちにはコンピュータという強力な味方がいます．コンピュータで実用的な時間内に調べきれるなら，確実に暗号が解けることが保証されている総点検法も，考慮から外すわけにはいきません．

すべてのケースを片っぱしから調べ上げるようなやり方を，日本では「しらみ潰し」と言い慣わしてきたのですが，し・ら・み・という小動物が日常の環境から駆逐された今日では，死語になってしまったかもしれません．英語では exhaustive search あるいは brute force attack というそうですから，直訳すると徹底的点検あるいは野獣力攻撃という感じです．ここでは，**力まかせ解読法**としておきましょう．*

では，暗号解読の手段として，力まかせ解読法がどのくらい有効なのかを確かめていきましょう．

(1) 174～180 ページでは，26 個のローマ字と 1 個のスペース(27 個のローマ字ということにします)を 27 個のカナ文字に置換した暗号文を，英文に付きまとうく・せ・を手掛りにして，しこしこと当りをつけ，ついに，27 個のローマ字と 27 個のカナ文字との対応を見破り，暗号解読に成功したのでした．** この場合，私たちに英文のく・せ・についての知識がなく，やむを得ず，ローマ字とカナ文字のあら

---

* 一般的には総当たり攻撃と呼ばれています．
** 正確にいうと，J，Q，X が平文に使われていないことを考慮する必要がありますが，それは(2)で取り上げることにします．

ゆる対応について力まかせに調べ，その中に含まれているはずの平文を見つけようとしたら，なんケースについてチェックする必要があったでしょうか．

27組の換字は，たとえば，

$$\left.\begin{array}{l}\square,\ A,\ B,\ C,\ \cdots\cdots,\ X,\ Y,\ Z \\ イ,\ ロ,\ ハ,\ ニ,\ \cdots\cdots,\ ウ,\ ヰ,\ ノ\end{array}\right\} \quad (9.1)$$

のような対応を作って換字するわけですが，このような対応の作り方には27！ケースがあります．なぜかというと，つぎのとおりです．

上段のローマ字のほうを固定してみてください．まず，□に対応させるカナ文字は27個のうちのどれでもかまいませんから，27ケースが考えられます．2番めのAに対応させ得るカナ文字は，すでに□に対応させた1個を除く26ケースがあります．□にカナ文字を対応させる27ケースのそれぞれにつづいて，Aに対応させるカナ文字は26ケースあるという意味です．3番めのBに対応させるカナ文字は，すでに□とAに対応させた2個を除く25ケースが考えられます．

このようにして，つぎつぎと対応させていくと，最後のZと組めるカナ文字は1個しか残っていません．こういうわけで，27個どうしの換字の仕方には

$$27\times 26\times 25\times\cdots\cdots\times 2\times 1=27!\,(ケース) \quad (9.2)$$

もあることがわかります．

では，この値を計算してみてください．これは，ちょっとたいへんです．もちろん掛け算ですから，だれにでもできます．しかし，26回もの掛け算をくり返しているうちに桁数がみるみる増大して，

根負けしてしまいそうです．そこで，188 ページの脚注にも書いたように

$$n! \fallingdotseq e^{-n} n^n \sqrt{2\pi n} \tag{9.3}$$

という，自然数を対象とした**スターリングの公式**を使います．

とはいうものの，この式を使って 27! を計算するには，e^{-27} や 27^{27} を対数表を引きながら求めなければならず，これも骨が折れます．

ところが，です．ありがたいことに，関数計算用の電卓には，たいてい $n!$ を計算する機能がついています．また，電卓がなくても，パソコンのアクセサリーの中に，電卓機能がついています．機種にもよりますが

$$\boxed{2}\ \boxed{7}\ \boxed{x!}$$

の操作で

$$1.088886945^{28}$$

と表示してくれるから，嬉しくなってしまいます．これは

$$1.088886945 \times 10^{28} \tag{9.4}$$

を意味しますから

$$27! \fallingdotseq 1.1 \times 10^{28} \tag{9.5}$$

という計算が，数秒で終わってしまいます．

こうして私たちは，27 個のローマ字に 27 個のカナ文字を対応させる組合せが約 10^{28} ケースもあることを知りました．これは，1 のあとに 0 が 28 個も並ぶものすごい数なのですが，それが暗号解読の実用上，どのくらいの意味を持つのかについては，もう暫くお待ちください．

(2) もういちど，174〜180 ページの暗号解読の作業を振り返ります．そのとき，174 ページの暗号文にはカナ文字が 24 個しか使わ

れていませんでした．それにもかかわらず，平文は英語らしいので，27個のローマ字のどれもが使われている可能性を否定できません．その場合，27個のローマ字に24個のカナ文字を対応させるすべてのケースの数は，いくつになるでしょうか．

対応の仕方は

$$\left.\begin{array}{l}\Box,\ A,\ B,\ C,\ \cdots\cdots,\ X,\ Y,\ Z \\ イ,\ ロ,\ 欠,\ ハ,\ \cdots\cdots,\ ラ,\ 欠,\ ム\end{array}\right\} \quad (9.6)$$

のように，カナ文字のほうに3個の「欠」を含むと考えればいいはずです．このような対応のケースの数は……

まず，27個の席の中に3つの「欠」が配置される組合せの数は

$$_{27}C_3 = \frac{27!}{3!(27-3)!} = \frac{27\times26\times25}{3\times2\times1} = 2925 \text{ケース} \quad (9.7)^*$$

だけあります．そして，その各々のケースについて，24個のカナ文字を残りの24個の席に当てはめる並び方が24!だけありますから，式(9.6)のような対応の仕方は

$$2925 \times 24! \fallingdotseq 1.8\times10^{27} \text{ケース} \quad (9.8)$$

という勘定です．

この値は，式(9.5)の1/6に減っています．3つの「欠」の位置に，新しい3つのカナ文字を対応させる6ケースぶんの掛け算が減っているからです．したがって式(9.8)の値は，174ページの暗号文を解くための力まかせ解読法としては十分ですが，全部のローマ字を解読するための総当たりにはなっていません．平文に使われ

---

* 異なるn個のものからr個を取り出す組合せの数は

$$_nC_r = \frac{n!}{r!(n-r)!} \quad \text{です．}$$

ていなかった3文字に対応する暗号文字については，なんの情報も得ていないからです．

(3) 日本語のカナ文字の数をなん個とみなすかについては諸説紛紛ですが(95ページ)，かりに52個としましょう．その52個を6ビットの符号で暗号化してあると思ってください．たとえば，

　　　　ア：*011001*，　イ：*111011*

などのようにです．つまり，52種類の文字が64種類の符号で暗号化されていると思っていただくのです．力まかせ解読法で文字と符号の対応を見破るには，なんケースの点検が必要でしょうか．

考え方は(2)のときと同じです．文字のほうに12個の「欠」をプラスして考えましょう．そうすると，64個の座席の中に12個の「欠」が配置される組合せの数は

$$_{64}C_{12} = \frac{64!}{12!(64-12)!} \fallingdotseq \frac{1.27 \times 10^{89}}{4.79 \times 10^{8} \times 8.07 \times 10^{67}}$$

$$\fallingdotseq 3.29 \times 10^{12} \text{ ケース} \qquad (9.9)$$

この各ケースについて，カナ文字の並び方が

$$52! \fallingdotseq 8.07 \times 10^{67} \text{ とおり} \qquad (9.10)$$

ありますから，力まかせ解読には

$$3.29 \times 10^{12} \times 8.07 \times 10^{67} = 2.6 \times 10^{80} \text{ ケース} \qquad (9.11)$$

が必要になります．

(4) もうひとつ，組合せの少ない例も取り上げてみます．こんどは，0～9の10個の数字で書かれた平文を，4ビットの符号で暗号化しましょう．

　　　　0：*1001*，　1：*0110*

のようにです．この場合，10個の数字と16個の符号との対応には，

式(9.9)と式(9.10)の真似をして計算すると

$$_{16}C_6 \times 10! = \frac{16! \times 10!}{6!(16-6)!} \fallingdotseq 2.9 \times 10^{10} \text{ ケース} \tag{9.12}$$

だけあることを知ります．

こうして，力まかせ解読に要するケースの数は

16 対 10 の場合	2.9×10^{10} ケース	(9.12)もどき
27 対 24 の場合	1.8×10^{27} ケース	(9.8)もどき
27 対 27 の場合	1.1×10^{28} ケース	(9.5)もどき
64 対 52 の場合	2.6×10^{80} ケース	(9.11)もどき

であると概算できました．さて，暗号解読の立場からみて，このような値はどのような意味をもつのでしょうか．

総当たりの数学 —— それは可能か

こんどは，力まかせ解読に要する作業時間のほうへ目を移しましょう．

1 分は	60 秒 $= 6 \times 10^1$ 秒
1 時間は	3,600 秒 $= 3.6 \times 10^3$ 秒
1 日は	86,400 秒 $\fallingdotseq 8.6 \times 10^4$ 秒
1 年は	31,536,000 秒 $\fallingdotseq 3.2 \times 10^7$ 秒

くらいです．それなら，かりに 1 ケースをチェックするのに 1 秒を要するコンピュータなら，いちばん簡単な「16 対 10」のチェックさえ，約 900 年かかる勘定になります．

もっとも，素子の演算速度は年を追って急速に進歩し，その速さの単位がミリ(10^{-3})秒からマイクロ(10^{-6})秒へと躍進し，さらには

表9.1　ご参考までに

倍数	接頭語	記号
10^{12}	tera （テラ）	T
10^{9}	giga （ギガ）	G
10^{6}	mega （メガ）	M
10^{3}	kilo （キロ）	k
10^{2}	hecto （ヘクト）	h
10^{1}	deca （デカ）	da
10^{-1}	deci （デシ）	d
10^{-2}	centi （センチ）	c
10^{-3}	milli （ミリ）	m
10^{-6}	micro（マイクロ）	μ
10^{-9}	nano （ナノ）	n
10^{-12}	pico （ピコ）	p

ナノ(10^{-9})の時代にまで突入しています．

　もし，1ミリ秒で1ケースをチェックできるなら，1日に8.6×10^{7}ケースを処理できますから，1台のコンピュータで「16対10」の総点検が337日くらいで完了することになり，時と場合によっては実用になるかもしれません．さらに1マイクロ秒で1ケースを点検できれば，「16対10」の総当たりが8時間ほどで完了しますから，これはもう，力まかせ解読法の勝利です．コンピュータの力を借りた力まかせ解読法も暗号解読の有力な手段といえそうです．

　ところが，です．私たちが第7章で取り組んだイソップ暗号は「27対24」であり，ローマ字とカナ文字の対応の仕方が1.8×10^{27}ケースもあるのでした．これを総当たりすることを考えてみてください．

　かりに1マイクロ秒で1ケースを処理できても，処理できるケー

第9章 暗号の数理

10^{20}などというのは
気絶するような大きさ

スの数は

　　　1年かかって　約3.2×10^{13}ケース

にすぎません．また，1ナノ秒で1ケースを処理するとして，そのコンピュータを10,000台並べたとしても

　　　1年かかって　約3.2×10^{20}ケース

しか処理できず，1.8×10^{27}ケースを処理するには約600万年かかるという勘定です．このように，10^{27}ケースなどというのは，まさに，天文学的，いや，**暗号学的数字**(189ページ)であって，優秀なコンピュータを使っても，尋常な方法ではまったく手に負えません．電子の速さは一定ですから，コンピュータの演算速度にも限度があるはずですし，力まかせ解読法で暗号が解けるのは，並みのコンピュータでは，10の10数乗ケースくらいが精いっぱいの感じです．

ところで，10^{27}というような暗号学的数字は，どこから生まれた

のでしょうか．それは，225ページの式(9.8)を見ていただくとわかるように，24！という！(階乗)なのです．$n!$の値を表9.2にしてありますから，ごらんください．nの増加につれて$n!$の値はものすごい勢いで増大するではありませんか．あまりのすごさに呆れて，！をビックリマークと俗称することもあるくらいです．私たちの暗号の例題では，このままの勢いでnが24や27にまで増大していたのですから，それはたいへんです．コンピュータがなん年かかっても処理しきれないほどのケースの数になってしまうのも，あたりまえの話でした．

表9.2　$n!$の値

n	$n!$
1	1
2	2
3	6
4	24
5	120
6	720
7	5,040
8	40,320
9	362,880
10	3,628,800
11	39,916,800
12	479,001,600
13	6,227,020,800
14	87,178,291,200
15	1,307,674,368,000

そこで，力まかせ解読法で暗号解読を始める時は，その前に，ケースの数を減らすために$n!$のnを減らす努力をしなければなりません．第7章のイソップ暗号解読を題材にして，試してみましょう．

第9章 暗号の数理

ごめんどうでも，177ページの表7.3を見ていただけますか．そこには，カタカナで書かれた暗号文字の出現率と，英文におけるローマ字の出現確率を照らし合わせて

① オは□(スペース)

② ホはE

③ ヨとネは，どちらかがT，他はAかOかN

とし，また，文字の連なりからみて

⑤ イはAかI

と判断をしました．この4つの判断で総当たりするケースの数をどれだけ減らせるかを調べてみましょう．

前節の(2)のときと同様に，ローマ字27個ぶんの席の中に3つの「欠」を配置し，残り24個の席に24個のカナ文字を当てはめる並べ方が24！だけあるところからスタートします．

① オを□の席へ入れます．これで，あとの並べ方は23！に減りました．つまり，ケースの数が1/24に縮小されました．

② ホをEの席へ入れます．あとの並べ方は22！になったので，ケースの数は，さらに1/23に減り，当初の1/(24×23)になりました．

③ ヨをTに入れ，ネをAに入れる
　　　　　　　　ネをOに入れる
　　　　　　　　ネをNに入れる
　ネをTに入れ，ヨをAに入れる
　　　　　　　　ヨをOに入れる
　　　　　　　　ヨをNに入れる

この2段階の作業であとの並べ方が20！になったので，ケース

の数はさらに $1/(22×21)$ に減り……と言いたいところですが，③そのものが6ケースもあるので，さらに $6/(22×21)$ に減り，当初と較べれば $6/(24×23×22×21)$ になります．

⑤ イをAに入れてもIに入れても，そのあとの並べ方は19！になりますが，どちらに入れるかで2ケースに分かれますから，ケースの数はさらに $2/20$ になり，当初に較べると

$$(6×2)/(24×23×22×21×20)$$
$$=1/425{,}040≒2.35×10^{-6} \qquad (9.13)$$

に減ってくれる計算です．

いかがでしょうか．①〜④の知恵を働かすだけで，チェックが必要なケースの数を約42万5千分の一に減らすことができたではありませんか．なんのくふうもなく，いきなり総当たりを始めるのは，まさに知恵のない話です．力まかせ解読法とはいうものの，実は，あらゆる解読の手段を尽くしたうえで，それでも手つかずに残った部分についてだけ，総当たりをするという配慮が望まれます．

それにしても，私たちの「27対24」の例題では，①〜⑤の知恵を利用したにもかかわらず，総当たりに必要なケースの数が，まだ

$$1.8×10^{27}×2.35×10^{-6}≒4.2×10^{21} \text{ケース} \qquad (9.14)$$

も残っています．これは，力まかせ解読法が実行できる数ではありません．とにかく，10^{27} ケースなどという数には，なまじの対処法では勝ち目がないのです．

余談ですが，たいていのことは3桁ちがうと別の世界になってしまうと，私は感じています．1万円と1,000万円では世界が異なるし，1 km/hr と 1,000 km/hr でも，1年と1,000年でも，別世界の話になってしまうようです．228ページの表9.1で，単位の接頭

語が，キロ，メガ，ギガ，……と 10^3 倍ごとに，また，ミリ，マイクロ，ナノのように 10^{-3} 倍ごとに決められているのも，そのせいでしょう．そう考えると，10^3 を9段階も積み上げた 10^{27} は，この世のものとは思えない大きさであることが実感できるかもしれません．

なお，力まかせ解読法の場合には，すべてのケースをひとつひとつ調べていって，正解に出会ったところで作業を打ち切ればいいのだから，平均的には全作業量の半分ですむという意見を耳にします．正解が1つしかなく，出会ったとたんにそれが正解であると確信できるなら，そのとおりかもしれません．

しかし，ふつうは182ページで述べた理由によって，「正解らしいもの」がいくつもあり，他の状況判断によって，その中の1つを選ぶ必要がありそうですから，やはり，全ケースのチェックを覚悟しておくほうがいいでしょう．

合同式と排他的論理和

私たちが使い馴れている数，0，1，2，3，4，……は，どこまでも直線的に大きくなっています．しかし，その変化は決して・・・・・・・のっぺらぼーではなく，ある周期性をもっていることが少なくありません．早い話が，10進法で書かれた数字なら，10だけ増大するごとに，1桁めに同じ数が現れるということです．

そこで，表9.3を見ていただきましょう．これは，21世紀に入ってはじめて迎えた1月のカレンダーです．当り前のことながら，1〜31の数字が並んでいます．そして，

表 9.3 2001 年 1 月

日	月	火	水	木	金	土
	1	2	3	4	5	6
7	8	9	10	11	12	13
14	15	16	17	18	19	20
21	22	23	24	25	26	27
28	29	30	31			

$$1, 8, 15, 22, 29 \tag{9.15}$$

は，いずれもブルーマンデイですし，また

$$5, 12, 19, 26 \tag{9.16}$$

は，いずれもハナ金です．つまり，1，8，15，22，29 どうしは互いに似た仲間ですし，同様に，5，12，19，26 も互いに似たものどうしです．この類似性を強調するには，これらの数字をどのように取り扱えばいいでしょうか．

それには，うまい方法があります．式(9.15)のブルーマンデイ組については

$$\left. \begin{array}{l} 1 \div 7 = 0 \quad \text{余り } 1 \\ 8 \div 7 = 1 \quad \text{余り } 1 \\ 15 \div 7 = 2 \quad \text{余り } 1 \\ 22 \div 7 = 3 \quad \text{余り } 1 \\ 29 \div 7 = 4 \quad \text{余り } 1 \end{array} \right\} \tag{9.17}$$

のように，「余りが1」が共通点です．つまり，このグループが共有する性質は，7で割ったあとに余る1なのです．

同じように，5，12，19，26 について見ると

$$5 \div 7 = 0 \quad 余り \; 5$$
$$12 \div 7 = 1 \quad 余り \; 5$$
$$19 \div 7 = 2 \quad 余り \; 5$$
$$26 \div 7 = 3 \quad 余り \; 5$$
(9.18)

ですから,このグループが共有する性質は,7で割ったあとに残る5であることがわかります.

こういうわけで,たとえば式(9.15)に属する8と15は,7で割った余りに注目する限り,同じ性質を持っているとみなすことができるので,この関係を

$$8 \equiv 15 \, (\mathrm{mod} \, 7) \tag{9.19}$$

と書き,「8と15は7を**法**として**合同である**」とか「8と15はmod 7に対して**合同である**」といいます.そして,式(9.19)のような式を**合同式**と呼びます.同様に

$$8 \equiv 22 \, (\mathrm{mod} \, 7) \tag{9.20}$$
$$5 \equiv 26 \, (\mathrm{mod} \, 7) \tag{9.21}$$

などなども,成立することを確かめてみてください.

ここで,式(9.19)を見ていただくと,15と8の差はちょうど7ですし,式(9.20)では22と8の差14は7のちょうど2倍ですし,また,式(9.21)では,26と5の差21が7のちょうど3倍になっています.つまり,7を法として合同な2つの数の差は,7の整数倍なのです.

一般的にいうなら,2つの整数 a と b の差が整数 m の倍数であるとき,a と b とは m を法として合同であるといい,

$$a \equiv b \, (\mathrm{mod} \, m) \tag{9.22}{}^{*}$$

と書き表わし,このような式を**合同式**というのです.

合同式の考え方は，整数どうしの関係を調べたり証明するときに便利に使えます．とくに，現代暗号の数理に登場する素数や素因数分解には，なくてはならない存在です．そこで，まず，合同の性質をもう少し調べておこうと思います．

(1) $a \equiv b \pmod{m}$ なら，$b \equiv a \pmod{m}$ です．

(2) $a \equiv b \pmod{m}$ で，かつ $b \equiv c \pmod{m}$ なら，$a \equiv c \pmod{m}$ です．

これを証明してみましょうか．

$$a \equiv b \pmod{m} \quad \text{だから} \quad a - b = km \tag{9.23}$$

$$b \equiv c \pmod{m} \quad \text{だから} \quad b - c = k'm \tag{9.24}$$

この両辺の左辺どうしと右辺どうしを加えれば

$$a - c = (k + k')m \tag{9.25}$$

となり，これは，$a - c$ が m の整数倍であることを意味しますから

$$a \equiv c \pmod{m} \tag{9.26}$$

です．

(3) 2つの合同式($\equiv$)は等式($=$)の場合と同様に，左辺どうしと右辺どうしを，加えたり，引いたり，掛けたりすることができます．すなわち

$$a \equiv b \pmod{m} \tag{9.27}$$

$$c \equiv d \pmod{m} \tag{9.28}$$

であるとき

$$\left. \begin{array}{l} a + c \equiv b + d \pmod{m} \\ a - c \equiv b - d \pmod{m} \end{array} \right\} \tag{9.29}$$

---

* 式(9.22)は，単に，$a \equiv b(m)$ と略記することもあります．

第9章 暗号の数理

$$ac \equiv bd \pmod{m} \tag{9.30}$$

です．このうち，式(9.29)のほうは(2)のときと同様に証明できますから省略しますが，式(9.30)だけは証明しておきましょう．

式(9.27)を c 個加え合わせると

$$ac \equiv bc \pmod{m}$$

また，式(9.28)を b 個加え合わせると

$$bc \equiv bd \pmod{m}$$

この両辺から

$$ac \equiv bd \pmod{m} \qquad \text{(9.30)と同じ}$$

これで，証明ができました．

ところで，7を法とする合同式では，0，7，14，21，……などはすべて合同，つまり，同じ性格を備えた数とみなすのでした．これは，0から1つずつ増大していく整数を

0, 1, 2, 3, 4, 5, 6, 0, 1, 2, 3, 4, ……

というように，7を周期に循環する数列とみなしていると考えられます．したがって，7を法とする加算では，$0+7=7$ ではなく，

$$0+7=0$$

としていることになります．

そこで，思い出していただきたいのは**排他的論理和**(162, 212ページ)です．そのルールは

$$0 \oplus 0 = 0 \qquad 0 \oplus 1 = 1$$
$$1 \oplus 0 = 1 \qquad 1 \oplus 1 = 0$$

でした．これは，0に1をつぎつぎに加えていくと

$$0+1=1, \quad 1+1=0, \quad 0+1=1, \quad \cdots\cdots$$

すなわち，0，1，0，1，……のように，2を周期にして循環していきます．したがって，排他的論理和というのは，2を法とする加法であったわけです．

素数に関する重要な定理

ご存じのように，……，−3，−2，−1，0，1，2，3，……とつづく数を整数といいます．そして，整数の性質を研究対象とする数学の部門を**整数論**，あるいは，単に**数論**と呼びます．整数どうしを足したり，引いたり，掛けたりした結果は整数になるから，加・減・乗の算法については，整数の世界が閉じているけれど，割り算をすると整数の世界からはみ出すことがある……などとやっているので，理論構築は高尚ですが，世俗的な利益には結びつかず，研究する先生方も，その孤高を誇り（？）に思っている風情さえありました．

ところが，近年になって，整数論が世俗的な意味でも脚光を浴びてきました．現代暗号の仕組みの中に整数論が活用されるようになったからです．そこで，暗号に使われはじめた整数論のごく一部をご紹介しようと思います．その作業は，実は，前節からはじまっていて，合同式は整数論の申し子みたいなものですが，この節では，この式の力を借りて，素数の利用に踏み込んでみましょう．219ページに書いたように，素数と素因数分解は，現代暗号鍵のひとつだからです．

トップバッターは，**ウイルソンの定理**です．n が素数であれば

$$(n-1)! + 1 \equiv 0 \pmod{n} \tag{9.31}$$

が成立します.また,この合同式が成立すれば n は素数ですし,成立しなければ n は素数ではありません.たとえば

$n=5$ なら $4!+1=4\times3\times2\times1+1=25\equiv0\ (\mathrm{mod}\ 5)$

ですから,5 は素数です.また,

$n=6$ なら $5!+1=121\equiv1\ (\mathrm{mod}\ 5)$

ですから,6 は素数ではありません.

こういうわけで,式(9.31)の定理は,ある数が素数か否かの判定に使われたりします.*

こんどは,**フェルマーの小定理****です.p は素数,a は自然数で,a が p で割り切れないとき

$$a^p \equiv a\ (\mathrm{mod}\ p) \tag{9.32}$$

または

$$a^{p-1} \equiv 1\ (\mathrm{mod}\ p) \tag{9.33}$$

が成立します.式(9.33)は,式(9.32)の両辺を a で割ったものにすぎませんから,どちらを使ってもかまいません.

実例を見てください.

〔例1〕 $a=8$,$p=5$ のとき,式(9.33)によって

$8^4=4096(=819\times5,\ \text{余り}\ 1)\equiv1\ (\mathrm{mod}\ 5)$

〔例2〕 $a=10$,$p=7$ なら

---

* 実は,最初はよさそうに見えたウィルソンの定理ですが,計算に時間がかかりすぎて,素数の判定にはあまり役に立たないと言われるようになりました.

** フェルマー(1601〜1665,フランスの数学者)の定理としては「n が 3 以上の自然数のとき,$x^n+y^n=z^n$ は正の整数解をもたない」が有名なので,こちらを大定理,式(9.32)のほうを小定理と呼び分けるのがふつうです.

$$10^6 = 1{,}000{,}000 (= 142{,}857 \times 7, \text{ 余り } 1) \equiv 1 \pmod{7}$$

というぐあいです．

フェルマーの小定理では，p が素数であることが条件でした．こんどは，p と q がともに素数であるとして，pq を法とする合同式の場合です．つまり，法が素数ではなく，2つの素数の合成数になっているわけです．この場合には

$$a^{(p-1)(q-1)} \equiv 1 \pmod{pq} \tag{9.34}$$

の関係があります．ただし，a と pq の最大公約数が 1 でなければなりません．実例を見ていただきましょう．

〔例1〕 $a=7$, $p=2$, $q=5$, $pq=10$ のとき
$$7^{(2-1)(5-1)} = 7^4 = 2401 \ (= 240 \times 10, \text{ 余り } 1)$$
$$\equiv 1 \pmod{10}$$

〔例2〕 $a=5$, $p=3$, $q=7$, $pq=21$ のとき
$$5^{(3-1)(7-1)} = 5^{12} = 244{,}140{,}625$$
$$(= 11{,}625{,}744 \times 21, \text{ 余り } 1) \equiv 1 \pmod{21}$$

というように，ちゃんと辻つまが合います．

暗号と法演算

お待たせしました．暗号の仕組みの中で整数論が役に立つ有様の，ほんの一端に触れてみようと思います．

前の章で公開鍵暗号のための一方性関数の実例として

$$x \text{ の値} \xrightarrow{\text{やさしい}} x \text{ の 3 乗の値}$$
$$x \text{ の値} \xleftarrow{\text{むずかしい}} x \text{ の 3 乗の値}$$
$\qquad\qquad\qquad\qquad\qquad\qquad$ (8.15)と同じ

としたことがありました．むりやり話を成立させるために，数学力が小学生レベルの社会を想定していたとはいえ，立方根が求められないとは，いくらなんでも世間をなめていました．

そこで，こんどは平文に使われるx（0, 1, 2, 3, 4 の 5 文字）を

$$x^3 \equiv y \pmod{5} \qquad (9.35)$$

になるようなyに，暗号化してしまいましょう．式(9.35)を

$$[x^3] \bmod 5 = y \qquad (9.36)$$

と書くことも多く，「x^3を 5 で割るとyが残る」という性質が読みとりやすいので，この表わし方で話をすすめていきます．

表 9.4 $y=[x^3] \bmod 5$

x	x^3	y
0	0	0
1	1	1
2	8	3
3	27	2
4	64	4

さっそく，xの 5 つの値に対応するyの値を求めます．そうすると，表 9.4 の手順を経て

$$0 \to 0, \ 1 \to 1, \ 2 \to 3, \ 3 \to 2, \ 4 \to 4 \qquad (9.37)$$

のように暗号化されました．

いかがでしょうか．こんどは「整数の合同」という知識を持たない一般の方にとっては，異次元の世界に迷い込んだようなとまどいを感じるかもしれませんが，たいして難しいことをしているわけで

はありません.

つづいて復号化のアルゴリズムを調べてみましょう. y のほうから x を求めるためには,まず, y を3乗します. なぜ,3乗する気になったかといえば,つぎのとおりです.

y は, mod 5 の世界で x を3乗したものです. その y を3乗すれば

$$(x^3)^3 = x^9 \tag{9.38}$$

ですから,それは mod 5 の世界で x を9乗したものです. ところが, 9乗は

$$x^9 = x^4 \times x^4 \times x \tag{9.39}$$

です. ここで,フェルマーの小定理を思い出してください.

$$a^{p-1} \equiv 1 \pmod{p} \qquad (9.33)と同じ$$

でしたから, a を x, p を 5 として,式(9.36)ふうに書くと

$$[x^4] \bmod 5 = 1 \tag{9.40}$$

なのです. つまり,式(9.39)右辺の x^4 は2つとも1なので

$$x^9 = 1 \times 1 \times x = x \tag{9.41}$$

となり, x を9乗(つまり, y を3乗)すれば元の x に戻るにちがいないと見通しをたてた次第です.

表 9.5　mod 5 の世界では

$y=x^3$	$y^3=x^9$	$x^9=x$
0	0	0
1	1	1
3	27	2
2	8	3
4	64	4

では,さっそく, y を3乗してみてください. 表9.5のように,

ちゃんと元の x に戻ることが確認できました。復号に成功！

なお、この節のように「余り」だけに着目した演算は、**剰余演算**と呼ばれたりもします。

公開鍵暗号 RSA の数理

いよいよ大詰めです。公開鍵暗号の代表例、RSA[*]の数理をご紹介して、一巻の終りとしたいと思います。

206ページあたりで触れたように、公開鍵方式というのは、あらかじめ公開してある鍵で暗号化した通信文を送ってもらい、それを自分だけが知っている鍵で復号するという仕組みでした。

ここでは、平文を適当な長さに細切れにし、そのひとつひとつを事前に決めてある自然数で表し、その数字を暗号化して送ってもらう場合を想定して、話をすすめます。

まず、あらかじめ公開してある鍵を

$$x^{11} \pmod{21} \quad \text{ただし、} x<21 \tag{9.42}$$

としましょう。つまり、x という平文を送るときには、それを11乗してから21で割り、余った値を暗号として送ってほしいむね、公表してあると思っていただくのです。

もちろん、この方式の暗号を実用するときには、11とか21のような小さな値ではダメです。x に2, 3, 4, ……, 19, 20の値を代入したときの式(9.42)の値は簡単に計算できます。[**]したがって、

---

[*] RSA は、この暗号体系を考案した Rivest, Shamir, Adleman (いずれも、マサチューセッツ工科大学) の頭文字を連ねたもので、1977年に公表されました。

平文と暗号文の対照表が容易に作れますから，まるで暗号の役目を果たさないのです．そこで，そのような力まかせ解読法が使えないように，100桁を越すような大きな値を使う必要があります．

ただし，いまは暗号の数理的な仕組みをご紹介することだけが目的ですから，式(9.42)のように，11と21を使うことに同意してください．

そして，もうひとつ……，21のほうに私だけが知っている秘密鍵が隠されているのです．それは，21が2つの素数3と7の積になっていることです．いまの例では，たかが21ですから，それが3×7であることにはだれでも気がつきます．しかし，100桁を越すような数の場合には，それが2つの素数の積になっていると知っていても，元の素数に分解すること(**素因数分解**)は極めてむずかしいという性質があります(219ページ参照)．そこで，21が3と7という2つの素数に分解できることは知らないことにして，話に付き合ってください．

では，21が3と7に素因数分解できることを私だけが知っていると，どのような得があるのでしょうか．それは

$$a^{(p-1)(q-1)} \equiv 1 \pmod{pq} \qquad (9.34)$$

と同じの関係を私だけが利用できることです．つまり，aをxとみなし，pを3，qを7とすれば，

$$x^{(3-1)(7-1)} \equiv 1 \pmod{3 \times 7} \qquad (9.43)$$

** たとえば，$6^{11} \pmod{21} = 2^{11} \pmod{21} \times 3^{11} \pmod{21}$
$= 11 \times 12 \pmod{21} = 6$

のような関係を利用すれば，xが素数以外なら電卓でもわけなく計算できます．

第 9 章 暗号の数理

故に

$$x^{12} \equiv 1 \pmod{21} \tag{9.44}^{*}$$

になっているはずなのです．そしてこれは，私だけの秘密鍵です．

さて，公開鍵・式(9.42)によって作られた暗号が私の手元に届けられました．それは

$$17 \tag{9.45}$$

でした．この値から x を逆算して平文に戻すには，どうすればいいでしょうか．

式(9.44)によると，x を 12 回掛け合わせると 1 になるのですから，24 回掛け合わせても 36 回掛け合わせても 1 になるはずです．つまり，x は 12 乗ごとに元に戻ってくる世界の一員でもあります．

ここで，暗号文の 17 は，もともと式(9.42)によって，x を 11 乗して生み出された値であったことを思い出してください．それなら，17 を(11 の逆数)乗すれば，元の x に戻るはずではありませんか．実は，12 を法とする世界では，11 の逆数，すなわち 11 と掛け合わせると 1 になる数は，やはり 11 なのです．** その証拠に

$$11 \times 11 = 121 \equiv 1 \pmod{12} \tag{9.46}$$

となって，11 の逆数は 11 であることを保証してくれます．

それでは，x を 11 乗して作られた暗号文 [17] を mod 21 の世界

---

* 実は，式(9.42)の x についている累乗の指数(べき数)11 は，式(9.44)の 12 より小さく，1 以外の公約数を持たないように決めてありました．また，12 のところは$(3-1)$と$(7-1)$の最大公約数 6 としても，ここから先の筋書きは同じです．

** 剰余演算の世界で逆数を求めるには，ユークリッドの互除法を利用するのが便利です．12 を法として 11 の逆数を求める程度なら，11×2，11×3，……と，つぎつぎに確かめていけば，わけなく式(9.46)が見つかります．

で 11 乗して，元の x に戻しましょう.[*]

$$17^1 \equiv 17 \pmod{21}, \quad 17^2 = 289 \equiv 16 \pmod{21}$$
$$17^4 \equiv 16^2 \pmod{21} \equiv 4 \pmod{21} \quad \text{ですから}$$
$$17^{11} = 17^{(4+4+2+1)} \equiv 4 \times 4 \times 16 \times 17 \pmod{21}$$
$$\equiv 5 \pmod{21}$$

となって，平文は

$$x = 5 \tag{9.47}$$

であったことが判明しました．復号に成功！

検算してみましょう．公開鍵の式 (9.42) に式 (9.47) の値を代入してみてください．

$$5^{11} = 48{,}828{,}125 = 2{,}325{,}148 \times 21 + 17 \quad \text{ですから}$$
$$5^{11} \equiv 17 \pmod{21}$$

であり，式 (9.45) の暗号の値と合致しています．検算もバッチリです．

この節の流れを振り返ってみましょうか．あらかじめ，暗号を作るための鍵・式 (9.42) が公開されていますから，だれでも平文を暗号化することができます．いまの例では，その暗号は式 (9.45) のように「17」でした．この暗号を解読する方法は，力まかせ解読法しかありませんが，実際にはそれが実行不可能な桁数の数字を使いますから，復号の鍵を持たない第 3 者に解読される心配はいりません．

いっぽう，私は復号のための秘密鍵を持っていました．それは，公開鍵の一部である「21」が，「3」と「7」に素因数分解できると

---

[*] この例題では，$x<12$ なので，暗号文 [17] を mod 12 の世界で 11 乗しても同じ結果になります.

知っていることでした．これを知っていることで，式(9.34)を利用して，比較的容易に「17」という暗号を「5」という平文に直すことができ，復号に成功したのでした．そして，これがRSAと呼ばれる暗号体系の仕組みでした．

このようにRSAは，素数どうしを掛け合わせるのは容易なのに，素因数に分解するのは著しくむずかしい，言い換えれば，素因数に分解するためのアルゴリズムがわかっていないという，**一方向性**（**一方通行性**ともいう）を利用した暗号だったわけです．

もともと暗号は，暗号化は容易にできて，解読は困難でなければなりませんから，**一方向性関数**にとって，もってこいの働き処です．ただし，味方にとってまで解読困難では困りますから，秘密鍵を持っている味方だけは，容易に復号できる必要があります．そういうわけで，秘密鍵があれば容易に逆走できるような関数を**落し戸つき一方向性関数**と呼んでいます．

そんなこんなで，現代暗号は各種高等数学の活躍の場です．そこでは，私たちが日ごろ見聞したことのないような，離散対数とか楕円曲線などの用語がとび交って，私たちに恐怖感を与えます．その代わり，崩すのは簡単なのに容易には組み上げられないジグソー・パズルを連想するような「詰め込み問題」などもあって，興味をそそります．好奇心旺盛な方は覗いてごらんになるのもいいかもしれません．

付録(1) 常用対数表と，その使い方

常用対数表 $\log_{10} x$

x	0	1	2	3	4	5	6	7	8	9
100	0000	0004	0009	0013	0017	0022	0026	0030	0035	0039
101	0043	0048	0052	0056	0060	0065	0069	0073	0077	0082
102	0086	0090	0095	0099	0103	0107	0111	0116	0120	0124
103	0128	0133	0137	0141	0145	0149	0154	0158	0162	0166
104	0170	0175	0179	0183	0187	0191	0195	0199	0204	0208
105	0212	0216	0220	0224	0228	0233	0237	0241	0245	0249
106	0253	0257	0261	0265	0269	0273	0278	0282	0286	0290
107	0294	0298	0302	0306	0310	0314	0318	0322	0326	0330
108	0334	0338	0342	0346	0350	0354	0358	0362	0366	0370
109	0374	0378	0382	0386	0390	0394	0398	0402	0406	0410
110	0414	0418	0422	0426	0430	0434	0438	0442	0445	0449
11	0414	0453	0492	0531	0569	0607	0645	0682	0719	0755
12	0792	0828	0864	0899	0934	0969	1004	1038	1072	1106
13	1139	1173	1206	1239	1271	1303	1335	1367	1399	1430
14	1461	1492	1523	1553	1584	1614	1644	1673	1703	1732
15	1761	1790	1818	1847	1875	1903	1931	1959	1987	2014
16	2041	2068	2095	2122	2148	2175	2201	2227	2253	2279
17	2304	2330	2355	2380	2405	2430	2455	2480	2504	2529
18	2553	2577	2601	2625	2648	2672	2695	2718	2742	2765
19	2788	2810	2833	2856	2878	2900	2923	2945	2967	2989
20	3010	3032	3054	3075	3096	3118	3139	3160	3181	3201
21	3222	3243	3263	3284	3304	3324	3345	3365	3385	3404
22	3424	3444	3464	3483	3502	3522	3541	3560	3579	3598
23	3617	3636	3655	3674	3692	3711	3729	3747	3766	3784
24	3802	3820	3838	3856	3874	3892	3909	3927	3945	3962
25	3979	3997	4014	4031	4048	4065	4082	4099	4116	4133
26	4150	4166	4183	4200	4216	4232	4249	4265	4281	4298
27	4314	4330	4346	4362	4378	4393	4409	4425	4440	4456
28	4472	4487	4502	4518	4533	4548	4564	4579	4594	4609
29	4624	4639	4654	4669	4683	4698	4713	4728	4742	4757
30	4771	4786	4800	4814	4829	4843	4857	4871	4886	4900
31	4914	4928	4942	4955	4969	4983	4997	5011	5024	5038
32	5051	5065	5079	5092	5105	5119	5132	5145	5159	5172
33	5185	5198	5211	5224	5237	5250	5263	5276	5289	5302
34	5315	5328	5340	5353	5366	5378	5391	5403	5416	5428
35	5441	5453	5465	5478	5490	5502	5514	5527	5539	5551
36	5563	5575	5587	5599	5611	5623	5635	5647	5658	5670
37	5682	5694	5705	5717	5729	5740	5752	5763	5775	5786
38	5798	5809	5821	5832	5843	5855	5866	5877	5888	5899
39	5911	5922	5933	5944	5955	5966	5977	5988	5999	6010
40	6021	6031	6042	6053	6064	6075	6085	6096	6107	6117
41	6128	6138	6149	6160	6170	6180	6191	6201	6212	6222
42	6232	6243	6253	6263	6274	6284	6294	6304	6314	6325
43	6335	6345	6355	6365	6375	6385	6395	6405	6415	6425
44	6435	6444	6454	6464	6474	6484	6493	6503	6513	6522
45	6532	6542	6551	6561	6571	6580	6590	6599	6609	6618
46	6628	6637	6646	6656	6665	6675	6684	6693	6702	6712
47	6721	6730	6739	6749	6758	6767	6776	6785	6794	6803
48	6812	6821	6830	6839	6848	6857	6866	6875	6884	6893
49	6902	6911	6920	6928	6937	6946	6955	6964	6972	6981

x	0	1	2	3	4	5	6	7	8	9
50	6990	6998	7007	7016	7024	7033	7042	7050	7059	7067
51	7076	7084	7093	7101	7110	7118	7126	7135	7143	7152
52	7160	7168	7177	7185	7193	7202	7210	7218	7226	7235
53	7243	7251	7259	7267	7275	7284	7292	7300	7308	7316
54	7324	7332	7340	7348	7356	7364	7372	7380	7388	7396
55	7404	7412	7419	7427	7435	7443	7451	7459	7466	7474
56	7482	7490	7497	7505	7513	7520	7528	7536	7543	7551
57	7559	7566	7574	7582	7589	7597	7604	7612	7619	7627
58	7634	7642	7649	7657	7664	7672	7679	7686	7694	7701
59	7709	7716	7723	7731	7738	7745	7752	7760	7767	7774
60	7782	7789	7796	7803	7810	7818	7825	7832	7839	7846
61	7853	7860	7868	7875	7882	7889	7896	7903	7910	7917
62	7924	7931	7938	7945	7952	7959	7966	7973	7980	7987
63	7993	8000	8007	8014	8021	8028	8035	8041	8048	8055
64	8062	8069	8075	8082	8089	8096	8102	8109	8116	8122
65	8129	8136	8142	8149	8156	8162	8169	8176	8182	8189
66	8195	8202	8209	8215	8222	8228	8235	8241	8248	8254
67	8261	8267	8274	8280	8287	8293	8299	8306	8312	8319
68	8325	8331	8338	8344	8351	8357	8363	8370	8376	8382
69	8388	8395	8401	8407	8414	8420	8426	8432	8439	8445
70	8451	8457	8463	8470	8476	8482	8488	8494	8500	8506
71	8513	8519	8525	8531	8537	8543	8549	8555	8561	8567
72	8573	8579	8585	8591	8597	8603	8609	8615	8621	8627
73	8633	8639	8645	8651	8657	8663	8669	8675	8681	8686
74	8692	8698	8704	8710	8716	8722	8727	8733	8739	8745
75	8751	8756	8762	8768	8774	8779	8785	8791	8797	8802
76	8808	8814	8820	8825	8831	8837	8842	8848	8854	8859
77	8865	8871	8876	8882	8887	8893	8899	8904	8910	8915
78	8921	8927	8932	8938	8943	8949	8954	8960	8965	8971
79	8976	8982	8987	8993	8998	9004	9009	9015	9020	9025
80	9031	9036	9042	9047	9053	9058	9063	9069	9074	9079
81	9085	9090	9096	9101	9106	9112	9117	9122	9128	9133
82	9138	9143	9149	9154	9159	9165	9170	9175	9180	9186
83	9191	9196	9201	9206	9212	9217	9222	9227	9232	9238
84	9243	9248	9253	9258	9263	9269	9274	9279	9284	9289
85	9294	9299	9304	9309	9315	9320	9325	9330	9335	9340
86	9345	9350	9355	9360	9365	9370	9375	9380	9385	9390
87	9395	9400	9405	9410	9415	9420	9425	9430	9435	9440
88	9445	9450	9455	9460	9465	9469	9474	9479	9484	9489
89	9494	9499	9504	9509	9513	9518	9523	9528	9533	9538
90	9542	9547	9552	9557	9562	9566	9571	9576	9581	9586
91	9590	9595	9600	9605	9609	9614	9619	9624	9628	9633
92	9638	9643	9647	9652	9657	9661	9666	9671	9675	9680
93	9685	9689	9694	9699	9703	9708	9713	9717	9722	9727
94	9731	9736	9741	9745	9750	9754	9759	9763	9768	9773
95	9777	9782	9786	9791	9795	9800	9805	9809	9814	9818
96	9823	9827	9832	9836	9841	9845	9850	9854	9859	9863
97	9868	9872	9877	9881	9886	9890	9894	9899	9903	9908
98	9912	9917	9921	9926	9930	9934	9939	9943	9948	9952
99	9956	9961	9965	9969	9974	9978	9983	9987	9991	9996

常用対数による数値計算

x	0	1	2	3
20	3010	3032	3054	3075
21	3222	3243	3263	3284
22	3424	3444	3464	3483
23	3617	3636	3655	3674
24	3802	3820	3838	3856

まず,常用対数表の読み方からはじめます.右の表は,ふつうに使われている常用対数表の一部です.この表の数字には,どこにもコンマが打ってありませんが,位どりはつぎのように読んでください.xの下の20, 21, 22, 23, 24は,それぞれ

$$2.0 \quad 2.1 \quad 2.2 \quad 2.3 \quad 2.4$$

を表わしています.また,xの右の0, 1, 2, 3は,それぞれ,もう1つ下の桁を表わします.たとえば,表の中に点線でかこった3636は,2.31 に対応する対数の値です.そして,表中の3636は,0.3636を表わしているのです.つまり

$$\log_{10} 2.31 = 0.3636$$

ということです.10を0乗すれば1,10を1乗すれば10ですから,10を0.3636乗すると2.31になるのは,いいところでしょう.同じように数表から

$$\log_{10} 2.43 = 0.3856, \quad \log_{10} 2.10 = 0.3222$$

などを確かめてみてください.

以上の位どりを基準にして,xの値が1桁あがるごとに対数に1を加えてやります.たとえば

$$\log_{10} 2.31 = 0.3636$$
$$\log_{10} 23.1 = 1.3636$$
$$\log_{10} 231 = 2.3636$$
$$\log_{10} 2310 = 3.3636$$

というぐあいです.つまり,対数の値でコンマ以上の頭の数字は,もとの値では,コンマ以上の桁数を表わしていることになります.なぜかと

いうと，たとえば

$$\log_{10} 231 = \log_{10}(2.31 \times 10^2) = \log_{10} 2.31 + \log_{10} 10^2$$
$$= \log_{10} 2.31 + 2\log_{10} 10 = \log_{10} 2.31 + 2$$
$$= 2.3636$$

だからです．

　さて，この対数表を使った数値計算にはいります．

$$y = 2.31^{56}$$

という値を計算してみましょう．まず，両辺の対数をとって

$$\log_{10} y = \log_{10} 2.31^{56} = 56 \log_{10} 2.31$$

対数表によって，$\log_{10} 2.31$ は 0.3636 ですから

$$\log_{10} y = 56 \times 0.3636 = 20.3616$$

となります．ここで，20.3616 のうち，頭の 20 は y のコンマ以上の桁数を表わす値ですから，ひとまず脇におき，対数が 0.3616 になるような値を対数表から探します．表を見ると 3616 にもっとも近い値として 3617 が見つかり，このときのもとの値(表では x)は 2.30 であることがわかります．したがって，y は 2.30 を 20 桁だけ繰り上げた値

$$y = 2.30 \times 10^{20}$$

であり，すなわち

$$2.31^{56} = 2.30 \times 10^{20}$$

が求められたことになります．理屈っぽく数式で書くと

$$\log_{10} y = 20.3616$$
$$= \log_{10} 2.30 + 20 \log_{10} 10$$
$$= \log_{10}(2.30 \times 10^{20})$$

対数で書かれている両辺を元の値に戻すと

$$y = 2.30 \times 10^{20}$$

というわけです．

付録(2) 底が異なる対数どうしの換算

底が異なる2つの対数

$$y = \log_a x \quad \text{と} \quad y = \log_b x$$

とについて，まず，$y = \log_b x$ を

$$b^y = x$$

の形に直します．＝で結ばれた両辺に同じ操作を加えても，＝は変わりませんから，この両辺について a を底とする対数をとると

$$\log_a b^y = \log_a x \quad \therefore \quad y \log_a b = \log_a x$$

ここで，y を始めの形に戻せば

$$\log_b x \cdot \log_a b = \log_a x$$

です．ここで，a も b も定数なので $\log_a b$ も1つの定数ですから，

$$\log_a b = k \tag{1}$$

とでも書けば

$$k \log_b x = \log_a x \tag{2}$$

です．こうして，一般に a と b とを底とする対数どうしは，単純な比例関係にあることがわかります．

そこで，10を底とする常用対数と2を底とする対数の関係を知るために，式(1)の a を10，b を2として，$\log_{10} 2 = k$ の値を付録(1)の常用対数表から求めると

$$k = \log_{10} 2 \fallingdotseq 0.3010$$

です．したがって，式(2)は

$$0.3010 \log_2 x \fallingdotseq \log_{10} x$$

$$\therefore \quad \log_2 x \fallingdotseq 3.32 \log_{10} x \qquad (1.19)と同じ$$

であることがわかります．

付録(3) モールス符号

〔和文〕
イ ・−	ワ −・−	ヰ ・−・・−	サ −・−・−
ロ ・−・−	カ ・−・・	ノ ・・−−	キ −・−・・
ハ −・・・	ヨ −・−−	オ ・−・・・	ユ −・・−−
ニ −・−・	タ −・	ク ・・・−	メ −・・・−
ホ −・・	レ −−−	ヤ ・−−	ミ ・・−・−
ヘ ・	ソ −−−・	マ −・・−	シ −−・−・
ト ・・−・・	ツ ・−−・	ケ −・−−	ヱ ・−−・・
チ ・・−・	ネ −−・−	フ −−・・	ヒ −−・・−
リ −−・	ナ ・−・	コ −−−−	モ −・・−・
ヌ ・・・・	ラ ・・・	エ −・−−・	セ ・−−−・
ル −・−−・	ム −	テ ・−・−−	ス −−−・−
ヲ ・−−−	ウ ・・−	ア −・−−・	ン ・−・−・

〔欧文〕
A ・−	N −・
B −・・・	O −−−
C −・−・	P ・−−・
D −・・	Q −−・−
E ・	R ・−・
F ・・−・	S ・・・
G −−・	T −
H ・・・・	U ・・−
I ・・	V ・・・−
J ・−−−	W ・−−
K −・−	X −・・−
L ・−・・	Y −・−−
M −−	Z −−・・

〔共通〕
1 ・−−−−	
2 ・・−−−	
3 ・・・−−	
4 ・・・・−	
5 ・・・・・	
6 −・・・・	
7 −−・・・	
8 −−−・・	
9 −−−−・	
0 −−−−−	

(注) これらのほか，各種の記号についても約束されています．

著者紹介

大村　平（工学博士）
（おおむら　ひとし）

1930 年　秋田県に生まれる
1953 年　東京工業大学機械工学科卒業
　　　　防衛庁空幕技術部長，航空実験団司令，
　　　　西部航空方面隊司令官，航空幕僚長を歴任
1987 年　退官．その後，防衛庁技術研究本部技術顧問，
　　　　お茶の水女子大学非常勤講師，日本電気株式会社顧問，
　　　　(社)日本航空宇宙工業会顧問などを歴任

情報数学のはなし【改訂版】

2001 年 9 月 4 日　第 1 刷発行
2005 年 2 月 7 日　第 3 刷発行
2018 年 9 月 19 日　改訂版第 1 刷発行
2020 年 12 月 3 日　改訂版第 2 刷発行

　　　　　　　　　　　著　者　大　村　　　平
　　　　　　　　　　　発行人　戸　羽　節　文

発行所　株式会社 日科技連出版社
〒151-0051　東京都渋谷区千駄ヶ谷 5-15-5
　　　　　　DSビル
　　　　　電　話　出版　03-5379-1244
　　　　　　　　　営業　03-5379-1238

検印省略

Printed in Japan　　印刷・製本　壮光舎印刷株式会社

© *Hitoshi Ohmura* 2001, 2018
ISBN 978-4-8171-9652-1
URL http://www.juse-p.co.jp/

本書の全部または一部を無断でコピー，スキャン，デジタル化などの複製をすることは著作権法上での例外を除き禁じられています．本書を代行業者等の第三者に依頼してスキャンやデジタル化することは，たとえ個人や家庭内での利用でも著作権法違反です．